Constantino de la Fuente Martínez
y Juan Jesús García Velasco

Las matemáticas ocultas en iglesias y catedrales

CATARATA

Federación Española de Sociedades de Profesores de Matemáticas

DISEÑO DE CUBIERTA: LACASTA DESIGN

LAS MATEMÁTICAS OCULTAS EN IGLESIAS Y CATEDRALES

ISBN: 978-84-1067-415-8
DEPÓSITO LEGAL: M-18.818-2025
THEMA: PB/AMN

Índice

Introducción

Las experiencias didácticas sobre el estudio matemático del patrimonio histórico-artístico, planteadas desde hace unos años en educación matemática, han sido muy útiles e interesantes, ya que han permitido a los estudiantes descubrir la presencia de las matemáticas en una realidad cuyo estudio ha estado habitualmente vinculado a la historia, el arte o la religión. Sin embargo, estas propuestas se han desarrollado en unos contextos muy locales, desconectadas unas de otras y sin una fundamentación y un marco teórico sólidos, que hagan aflorar los procesos metodológicos y de pensamiento que tienen en común.

Siendo conscientes de todo lo anterior, el libro que el lector tiene en sus manos está concebido para intentar cubrir algunas de estas lagunas.

Entre sus propósitos, está el de contribuir a que aflore el inmenso patrimonio matemático intangible y casi ignorado hasta ahora, que está oculto en el acervo histórico-artístico tangible y visible. Este patrimonio matemático constituye, junto con los enfoques histórico, artístico, religioso y social, una forma igual de importante de acercamiento. Se trata, por tanto, de poner en valor estas obras patrimoniales para que la sociedad pueda conocerlas y disfrutarlas.

Para ello, planteamos una metodología válida y eficaz para el estudio matemático del patrimonio en general, en la que se toma como marco particular el proceso de matematización y modelización, identificando sus aspectos específicos.

Por otro lado, pretendemos reforzar la idea de que el estudio matemático del patrimonio tiene gran aprovechamiento didáctico en todos los niveles educativos. Es una forma eficaz para que el profesorado de matemáticas acerque a sus estudiantes a situaciones de aprendizaje que contribuyan a que sean conscientes del inmenso valor y potencial de esta ciencia, y conozcan, valoren y aprecien esos elementos que forman parte de su historia colectiva e individual. Aspectos estos cada vez más presentes en el currículo de matemáticas de cualquier etapa educativa.

En este libro identificaremos aquellas ideas matemáticas (conceptos aritméticos y geométricos, modelos, procedimientos, etc.) que caracterizan y son invariantes en el estudio matemático del patrimonio. Esas ideas son las que contribuyen a suscitar, en el visitante sensible, las sensaciones de belleza, armonía, etc., que el artista ha buscado plasmar en sus creaciones.

Además, comprobaremos, mediante recursos matemáticos, que la belleza y armonía del patrimonio se basan más en leyes objetivas de la aritmética y la geometría que en las intenciones subjetivas, el sentimiento religioso o la afectividad del artista (Hani, 2000: 34).

Cada uno de los capítulos abordará algún elemento arquitectónico representativo y muy común en este tipo de construcciones. Desde ábsides y cabeceras hasta torres, bóvedas y cúpulas, pasando por rosetones y arcos. El estudio de estos elementos no se va a centrar en ningún edificio concreto, sino a partir de una amplia variedad de iglesias y catedrales. Para que resulte más atractivo, recurriremos a un imaginario maestro constructor zamorano, que vivió entre los siglos XV y XVI, cuyo relato nos acompañará para comentar el significado y simbolismo de los elementos que nos proponemos estudiar.

CORRALES
2024

Capítulo 1

El estudio matemático del patrimonio artístico: una metodología

Antes de entrar en el estudio matemático de elementos concretos de iglesias y catedrales, es preciso presentar y explicar los fundamentos y criterios metodológicos que nos van a guiar en la resolución de los distintos problemas que se plantearán a lo largo del libro.

1.1. El problema de la *significación interior*

Las experiencias desarrolladas en los estudios matemáticos de la catedral de Burgos, (ESTALMAT, 2009 y De la Fuente Martínez *et al.*, 2021) nos han permitido corroborar que el análisis matemático de cualquier objeto artístico debe sustentarse, en primer lugar, en unas ideas y reflexiones que fundamenten, enmarquen y acoten los problemas que se desean resolver y, en segundo lugar, en la coherencia con el marco teórico inicial de los procesos de resolución y las soluciones encontradas. Profundizar matemáticamente es conveniente para hacer explícito este marco y enfoque teórico.

Comenzaremos apoyándonos en las relaciones entre el objeto artístico, en este caso las catedrales, y las matemáticas; más concretamente, con la aritmética del número y la geometría de las formas. El historiador y filósofo francés Jean Hani (2016: 34) reflexiona sobre esta idea:

> La matemática del número, en su particular relación con la geometría, explica lo que le parece a primera vista inexplicable al admirador de las catedrales: la atmósfera sutil de esos edificios, cuya armonía es cuasi divina, así como la impresión de perfección que producen, no dependen de intenciones subjetivas, sentimiento religioso o afectividad del artista, sino de leyes objetivas que se apoyan en la geometría platónica transmitida a las organizaciones de los constructores. El elemento esencial era, para estos, la noción de relación y de proporción entre las distintas partes del edificio.

Habitualmente, cuando un visitante sensible se adentra en una iglesia o en una catedral, su mente puede sentirse desbordada por la cantidad de sensaciones visuales y estímulos emocionales que recibe. Sobre la dificultad para comprender o explicar de forma lógica o sentimental esa *armonía cuasi divina* o la *impresión de perfección* de la que habla Hani, Douglas Hofstadter (1987: 646-647) plantea la idea de *significación interior* del objeto artístico, en una reflexión muy acertada, extraída de la pintura y de la música, que se puede adaptar a un objeto artístico tridimensional:

> ¿Qué nos hace reaccionar cuando observamos una pintura y sentimos su belleza? ¿La "forma" de las líneas y puntos en nuestra retina? Evidentemente debe ser eso, pues así es como examinan a aquellos nuestros mecanismos mentales de análisis; pero la complejidad del procesamiento nos hace sentir que no estamos observando meramente una superficie bidimensional, estamos respondiendo a algún género de significación interior de la pintura, un elemento multidimensional aprisionado dentro de las dos dimensiones.

Para este autor lo importante es la *significación*; nuestras mentes poseen mecanismos de interpretación cuya complejidad remite a una multidimensionalidad que transciende la mera observación bidimensional. Lo mismo puede ocurrir ante estímulos sonoros, como en el caso de la música.

Desde un contexto más cercano a las matemáticas, el polímata rumano Matila Ghyka (1983) incide en algunos aspectos relacionados con esta *significación interior*; concretamente, plantea que las formas de la naturaleza y las creadas por el artista suscitan en el observador *resonancias lógicas o afectivas*, de forma que cuando la percepción de estas resonancias se hace consciente, "practicamos la estética o ciencia de las relaciones armoniosas".

En cuanto a las relaciones entre la matemática y otros campos de la cultura, Piergiorgio Odifreddi (2007: 180) plantea conexiones con la pintura y la literatura:

> En general, los distintos aspectos del humanismo están conectados todos de manera abstracta: el ritmo es simetría de la poesía y de la música, la simetría es ritmo de la pintura, la poesía es música del lenguaje, la música es pintura animada en el tiempo, la pintura y la arquitectura son música petrificada en el espacio. Y, sobre todo, la matemática es poesía del universo, pintura abstracta del mundo, música de las esferas: expresión, por tanto, de aquello que los griegos llamaban "kosmos" o "logos" y no es otra cosa que el orden racional de las cosas percibido a través del pensamiento abstracto.

Comienza a aparecer la idea de *armonía*, por lo que es adecuada una reflexión sobre este concepto, desde una perspectiva general, no restringida a la música. El poeta leonés Antonio Colinas (2010: 29) lo expresa acertadamente: "[...] pasan los seres humanos y cambian las ideas que se impusieron como definitivas, a veces con leyes crueles, pero lo que siempre permanece es ese ritmo o fluir que todo lo rige. Fundir, en nuestro presente, ese fluir del mundo con nuestro propio fluir es la armonía". Similares son las palabras de Ghyka (1998: 39) en las que plantea que el orden surgido del caos inicial se convierte en armonía, "percibida esta como la consonancia entre el alma individual y el alma universal".

Las ideas anteriores suscitan muchas preguntas y el planteamiento de un problema, que podemos enunciar de la siguiente forma: las iglesias y catedrales son objetos artísticos que atesoran, como resultado de su proceso de construcción, multitud de elementos arquitectónicos, escultóricos, etc., y que provocan en el visitante sensaciones y emociones difíciles de expresar. ¿Se puede aprehender la *significación interior* de estos edificios utilizando los conocimientos matemáticos? Por otra parte, asociado al problema anterior, surge la natural cuestión metodológica: ¿qué proceso se podría desarrollar para conseguirlo?

1.2. Matematización y patrimonio histórico-artístico: características específicas

La matematización es "el proceso fundamental que los estudiantes emplean para resolver problemas de la vida real" (OCDE, 2004: 39). Su esquema simplificado (Blum, 2005: 20), que aparece en la figura 1.1, evidencia las conexiones entre la realidad y las matemáticas. A este respecto, caben señalar dos elementos de interés:

1. El paso del modelo real al modelo matemático, también denominado *matematización horizontal*, que ocurre cuando se conecta el mundo real con el mundo matemático.
2. La conexión entre el modelo matemático y la solución matemática, denominada *matematización vertical*, que se produce dentro del mundo de las matemáticas.

Figura 1.1

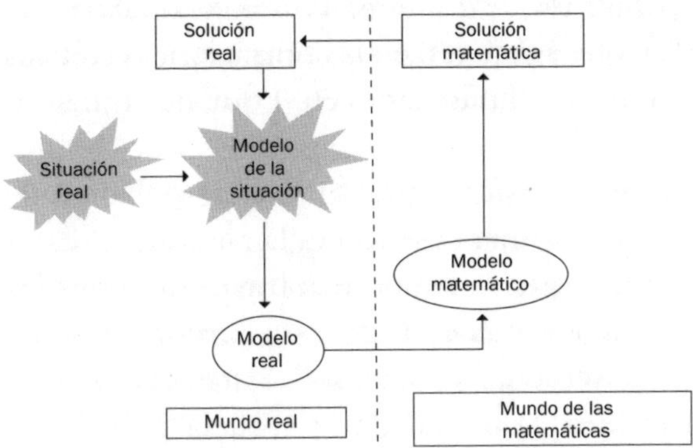

Fuente: Elaboración propia.

Cada una de estas fases implica diferentes procesos matemáticos que dan estructura y consistencia al proceso global. Puede profundizarse en ellos en De la Fuente (2016).

La matematización vertical, en el contexto de estudio del patrimonio histórico-artístico, puede dividirse en los siguientes pasos.

Paso 1. El punto de partida consiste en la construcción de modelos matemáticos, mayoritariamente geométricos, que representen y describan la forma de los elementos a estudiar (recintos, bóvedas, bajorrelieves, arcos, frisos, rosetones, etc.). Para ello, se utilizan diferentes herramientas tecnológicas, como programas de geometría dinámica (GeoGebra, entre otros)[1]. De esta forma, obtenemos las configuraciones geométricas que los modelizan.

Paso 2. Se basa en el análisis matemático del modelo, mediante el cálculo de los *patrones dinámicos*, habitualmente números irracionales que subyacen en las proporciones de los elementos o motivos estudiados. Estos patrones representan los acordes (por analogía con la música) o concordancias entre las distintas partes que configuran los motivos que se estudian y entre estas partes y el todo. Las combinaciones de *patrones*

1. Véase www.geogebra.org.

dinámicos (habitualmente mediante operaciones matemáticas elementales) conforman los *enlaces orgánicos* o *concatenaciones* (Ghyka, 1968a: 102), que subyacen en las sensaciones estéticas (simetría, euritmia, tensión, dinamismo, etc.) que nos transmite el objeto artístico.

La idea de *patrón dinámico* contextualiza las palabras de Jámblico (1991: 43): "La primera esencia es la naturaleza de los números y proporciones que se extiende a través de todas las cosas, de acuerdo con los cuales todo está armónicamente dispuesto y convenientemente ordenado". Estas reflexiones también resumen la idea principal de la escuela pitagórica: "Todo es número", y el orden y la armonía del cosmos se deben a él.

Paso 3. En esta etapa el objetivo es analizar los cambios (repeticiones, movimientos, recurrencias, descomposiciones, etc.) en las formas y tamaños de las configuraciones geométricas, aflorando así los invariantes numéricos que rigen las variaciones de los acordes o *patrones dinámicos*. Se obtienen, de este modo, los denominados *ritmos armoniosos de variación* o *ritmos de armonía*, caracterizados por sucesiones numéricas (habitualmente progresiones geométricas) en las que intervienen los patrones dinámicos o sus enlaces orgánicos.

Ghyka (1968a: 42) expone con claridad esta idea de ritmo: "Pensando en las nociones de número, razón y proporción, hemos llegado del modo más natural a la noción de ritmo: periodicidad o recurrencia en el tiempo o en el espacio, que fluye orgánicamente de una cadena de acordes o de proporciones".

Como podemos observar, analizando las palabras anteriores, Ghyka plantea que el ritmo fluye orgánicamente a partir de una recurrencia de *acordes* (en el contexto musical) o de *proporciones* en el espacio (en el contexto artístico bidimensional o tridimensional); es decir, la repetición periódica o recurrente (por medio de sucesiones, descomposiciones, semejanzas, movimientos, repeticiones, etc.), de concordancias entre magnitudes (razones, proporciones, patrones dinámicos, etc.), con los criterios o condiciones que el artista establezca, da lugar a cambios y transformaciones. Las leyes o criterios que rigen esos cambios conforman las bases del ritmo que se percibe, haciendo que vaya tomando forma, lo que Hofstadter (1987) denomina la "significación interior de la obra artística", mencionada anteriormente.

Profundizando en la idea de ritmo, la historia del arte nos dice que, aunque no hay principio fundamental para generar ritmos satisfactorios, una de las ideas más habituales, utilizada para suscitar sensaciones estéticas, ha sido la repetición de figuras geométricas similares, lo que permite obtener un "ritmo arquitectónico" (Pedoe, 1976). En este sentido, en los estudios realizados, hemos detectado dos formas de crearlos:

1. Modificaciones o transformaciones (por crecimiento, igualdad o decrecimiento) de una forma o figura inicial. En el caso de la igualdad suele concretarse, por ejemplo, en frisos, muy abundantes en paredes de capillas, triforios, rejerías, etc. En los otros casos (las variaciones que se manifiestan por cambios de tamaño) mantienen relaciones de analogía, semejanza, etc., con la figura primera. Estos cambios generan recurrencias regidas por patrones dinámicos que juegan el papel de invariantes y que conforman y generan distintos *ritmos*.
2. Descomposición de una figura por subdivisión en fragmentos, de forma que entre ellos y entre estos y el conjunto se mantienen las mismas relaciones de proporcionalidad y analogía. Este tipo de cualidades son características de la *simetría*, en el sentido clásico de su acepción, y de la *euritmia*:

La simetría consiste en el acorde de medidas entre los diversos elementos de la obra y entre estos elementos separados y el conjunto. Como en el cuerpo humano, surge de la proporción —la que los griegos llaman analogía— y está reglamentada por el módulo, el marco de medida común —que los griegos llaman el número—. Cuando cada parte importante del edificio está, además, convenientemente proporcionada en razón al acorde entre lo alto y lo ancho, entre lo ancho y lo profundo, y cuando todas estas partes tienen también su lugar en la simetría total del edificio, obtenemos la euritmia.

La euritmia aparece cuando esta simetría se obtiene por el encadenamiento continuo de las proporciones y la analogía recurrente (Vitruvio, 1997: libro 1, 10).

Las reflexiones anteriores ilustran el sentido clásico y primario de la simetría, el carácter orgánico de las construcciones y el significado de la *euritmia* o *buen ritmo*.

La consecución de los pasos del proceso de matematización permite obtener la solución matemática del problema. En el traslado de la solución matemática al mundo real, juega un papel importante la interpretación de esta en un contexto concreto, para posteriormente, de forma general, evaluar su validez y sus limitaciones (como para cualquier otro modelo). Pero, además, en el estudio matemático del patrimonio se dan unas características propias que constituyen un último paso.

Paso 4. Una vez obtenida la solución real e interpretada en el contexto concreto, se obtiene una forma de acceder a la *significación interior* del objeto artístico desde el campo de las matemáticas. Todo ello hace posible disfrutar, mediante la contemplación y la armonía, de las sensaciones estéticas de belleza, producidas por la euritmia, la simetría, el dinamismo, etc., que el elemento artístico nos transmite.

Todos los pasos pueden verse, a continuación, en la figura 1.2.

Figura 1.2

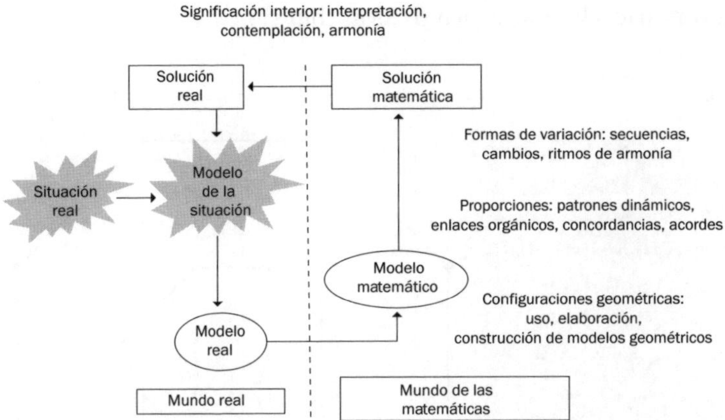

Fuente: Elaboración propia.

1.3. Primeros ejemplos

Aunque a lo largo de los distintos capítulos se podrá comprobar la puesta en práctica del proceso de matematización, vamos a presentar unos ejemplos singulares, que no se encuadran en los estudiados en los capítulos del libro. Ellos nos van a servir para concretar todas las ideas teóricas desarrolladas más arriba y ver los resultados obtenidos en cada caso; concretamente, veremos los modelos geométricos, los patrones dinámicos y los ritmos de armonía que se generan, ya sea por repetición y cambio de tamaño o por descomposición de la figura principal en partes análogas o muy relacionadas con ella.

1.3.1. Un ejemplo de Leonardo da Vinci (1452-1519)

Los proyectos de templos de planta central atrajeron la atención del genio italiano, como nos muestra una lámina de uno de sus códices, el MS B de París, que podemos observar en la imagen izquierda de la figura 1.3. En la completa biografía sobre Leonardo da Vinci *El vuelo de la mente*, escrita por Charles Nicholl (2005: 251), aparece la lámina mencionada y se dice:

"Se ha demostrado que la planta se basa en un complejo sistema geométrico llamado progresión theta".

FIGURA 1.3

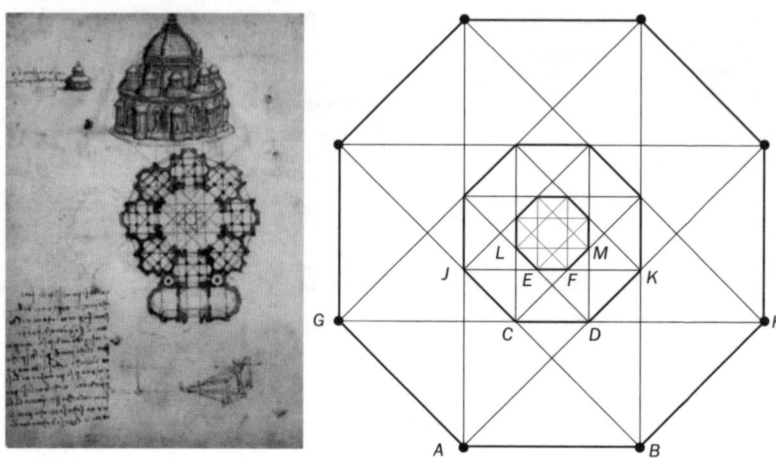

Fuente: Wikipedia. Fuente: Elaboración propia.

Veamos cómo se expresa matemáticamente esta idea. Podemos elaborar el modelo geométrico de la correspondiente bóveda central (figura 1.3, imagen derecha), que consiste en un octógono regular, de lado $\overline{AB} = l$, su correspondiente octógono estrellado 8/3, de lado $\overline{GH} = l \cdot (1+\sqrt{2})$, que es igual al lado multiplicado por el número de plata[2], también denominado con la letra griega $\theta = 1+\sqrt{2}$. La demostración de este resultado, así como otros que siguen, se plantean en la actividad 2 del final del capítulo.

Si nos acercamos progresivamente al centro del modelo, tenemos otro octógono regular anidado en el primero, cuyos vértices son puntos de corte de los lados del primer octógono estrellado. El lado de este octógono regular es:

2. Es el cociente entre el lado del octógono estrellado 8/3 y el del octógono regular. También es un número de la familia de los números metálicos.

$$\overline{CD} = \frac{l}{1+\sqrt{2}} = l\cdot(\sqrt{2}-1)$$

siendo $\sqrt{2}-1$ el inverso del número de plata; es decir, que $\sqrt{2}-1 = 1/\theta$ y su octógono estrellado, 8/3, de lado $\overline{JK} = l$. Podríamos repetir este proceso con octógonos regulares anidados y sus correspondientes octógonos estrellados 8/3. Pues bien, la sucesión de las longitudes de los lados de los octógonos regulares, si $\overline{AB} = l$, es:

$$l, \frac{l}{\theta}, \frac{l}{\theta^2}, \frac{l}{\theta^3}, \ldots,$$

Como podemos ver, es una progresión geométrica de razón $1/\theta$, el inverso del número de plata, y primer término el lado $\overline{AB} = l$, del octógono exterior. Si este último lo consideramos unidad de medida, obtenemos la sucesión de las potencias decrecientes del número de plata $\theta = 1+\sqrt{2}$:

$$1, \frac{1}{\theta}, \frac{1}{\theta^2}, \frac{1}{\theta^3}, \ldots,$$

Y esta sucesión (progresión geométrica) es el "complejo sistema geométrico llamado progresión theta" mencionado por Nicholl (2005).

Para la sucesión de los lados de los octógonos estrellados anidados, si $\overline{AB}$ es la unidad de medida, obtenemos la progresión geométrica:

$$\theta, 1, \frac{1}{\theta}, \frac{1}{\theta^2}, \ldots,$$

Las dos progresiones geométricas tienen de razón el inverso del número de plata, $1/\theta$, pero se diferencian en el primer término de cada una de ellas: en la primera, 1 y en la segunda, θ.

Resumiendo, en primer lugar, hemos obtenido el modelo geométrico que explica la configuración del recinto; en segundo lugar, hemos identificado el número de plata como patrón dinámico que rige las proporciones, y, en tercer lugar, hemos analizado el ritmo de armonía generado por los cambios de tamaño de los polígonos, que se concreta en las progresiones geométricas de razón $1/\theta$, el inverso del número de plata. Por tanto, el ritmo arquitectónico de armonía viene dado por repeticiones y cambios de tamaño de las figuras implicadas, manteniéndose entre ellas unas relaciones de analogía muy claras.

También debemos señalar que, a diferencia de otros recintos que veremos en otros capítulos, en el modelo de Leonardo no hay enlaces orgánicos entre distintos patrones de armonía, ya que, como hemos visto, solo aparece la proporción de plata.

1.3.2. Un ejemplo en la catedral de Burgos

En este monumento, declarado Patrimonio de la Humanidad por la UNESCO, nos vamos a fijar en uno de sus elementos: las agujas que coronan sus torres.

Las agujas, o chapiteles, de la catedral de Burgos, son obra del maestro Juan de Colonia (1410-1478), construidos entre 1442 y 1458, y están consideradas como las más bellas del gótico español y de las más hermosas del gótico europeo. Tienen forma de pirámide octogonal y alcanzan una altura de 26 metros, aproximadamente, sobre las torres de la fachada principal o de Santa María. Como dice Navascués Palacio (1995: 43): "No son las de Burgos las más altas ni las más espectaculares de la arquitectura gótica, pero sí las agujas más refinadas y exquisitas por su dibujo y proporción respecto a la fachada en que se integran". Observando la figura 1.4, podemos afirmar que las agujas son uno de los elementos emblemáticos de esta catedral.

Figura 1.4

Fuente: Cortesía de los autores.

Figura 1.5

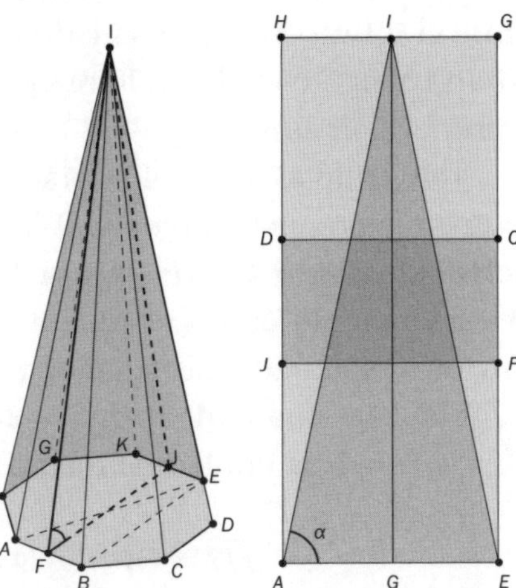

Fuente: Elaboración propia.

En cuanto a su estudio matemático, debemos señalar que hemos elegido estos elementos porque, como veremos más abajo, son un claro ejemplo de ritmo armonioso generado por descomposición de una figura principal, de forma que entre las partes obtenidas y entre ellas y la figura inicial se mantienen las mismas relaciones de analogía y proporcionalidad, lo que contribuye a su euritmia. En De la Fuente Martínez *et al.* (2021: 117-165) puede verse el estudio completo de las agujas, incluyendo las tracerías caladas de los distintos niveles que las componen: de él extraeremos los resultados que nos interesan.

Siguiendo los pasos presentados en el apartado 1.1, buscaremos en primer lugar el modelo geométrico más ajustado a la realidad de las agujas. De todos es conocido que su forma es de pirámide octogonal (figura 1.5, imagen izquierda). Analizándola, se tiene que el triángulo *AEI*, formado por dos aristas laterales opuestas y la diagonal mayor del octógono regular de la base (figura 1. 5, imagen derecha) es un triángulo dorado; es decir, que cumple que la razón entre su altura y su base es Φ^2, el cuadrado de la proporción áurea. No confundir con el triángulo sublime o áureo, que se forma en un pentágono regular y cuyos lados son dos diagonales trazadas desde el mismo vértice y el lado del pentágono que delimitan. En un triángulo sublime, la razón entre los lados diferentes es la proporción áurea, Φ.

Volviendo al triángulo dorado, se puede construir a partir de dos rectángulos áureos *CDAE* y *GHJF*, que comparten el rectángulo áureo *CDJF* (figura 1.5, imagen derecha). Como todo rectángulo áureo se puede descomponer en un cuadrado y otro rectángulo áureo, tenemos que los polígonos *GHDC* y *FJAE* son cuadrados. En este contexto, si consideramos $\overline{AE} = \overline{GH} = 1$, la unidad de medida, entonces

$$\overline{HJ} = \overline{GF} = \overline{AD} = \overline{CE} = \Phi$$

por ser rectángulos áureos, por tanto:

$$\overline{AH} = \overline{EG} = \overline{DH} + \overline{AD} = \overline{CE} + \overline{CG} = 1 + \Phi = \Phi^2$$

Recordemos que Φ es la solución positiva de la ecuación $x^2 - x - 1 = 0$, de ahí que $\Phi^2 = \Phi + 1$. Multiplicando por la misma potencia de Φ a los dos lados, tenemos que $\Phi^n = \Phi^{n-1} + \Phi^{n-2}$, siendo n un número entero.

Por tanto,

$$\frac{\overline{AH}}{\overline{AE}} = \Phi^2$$

y el triángulo *AEI* es un triángulo dorado.

Además, en el mismo triángulo

$$\operatorname{tg} \alpha = \frac{\Phi^2}{1/2}$$

y despejando el ángulo, obtenemos $\alpha = 79{,}187\ldots^\circ \approx 79{,}19^\circ$, y el ángulo de elevación de las agujas, que hemos obtenido por varios métodos experimentales, está entre 80° y 82°, una diferencia inapreciable para el observador y un error relativo de alrededor del 2,5%.

Figura 1.6

Fuente: Elaboración propia.

En la figura 1.6 puede verse una composición aproximada, con las agujas y el modelo geométrico. En cuanto al ritmo de armonía, considerando la base del triángulo de longitud la unidad y observando las medidas de la figura 1.6, tenemos que la altura de los rectángulos áureos será Φ y la altura del rectángulo áureo compartido entre los dos iniciales es $1/\Phi$.

Teniendo en cuenta que $\Phi^n = \Phi^{n-1} + \Phi^{n-2}$, se cumple también que:

$$\frac{1}{\Phi} + 1 = \Phi \text{ y } \Phi^2 = \Phi + 1$$

Por tanto, entre las diferentes partes de las agujas hay varias relaciones áureas, destacando cuatro potencias sucesivas de la divina proporción:

$$\frac{1}{\Phi}, 1, \Phi, \Phi^2$$

Comprobamos así, por descomposición de la figura en partes y no por su repetición, que el ritmo de armonía de las agujas está regido por la proporción áurea, apareciendo cuatro potencias sucesivas. Este resultado da una idea de la *armonía* y la *simetría* (en sentido clásico) de estas agujas, así como de los *acordes* (en el sentido de *concordancias*) que relacionan unos elementos (partes de ella) con otros, produciendo un ritmo áureo característico del Renacimiento.

Aprovechando esta circunstancia, vamos a hacer un inciso para profundizar en las relaciones de armonía ocultas en la sucesión de las potencias sucesivas de la proporción áurea. Esas relaciones son las que caracterizan matemáticamente el ritmo áureo de armonía. Tenemos así:

$$1, \Phi, \Phi^2, ..., \Phi^n, ...,$$

con $n \in N$. O mejor, vamos a considerar las potencias de Φ, con exponente entero:

$$\ldots, \frac{1}{\Phi^n}, \ldots, \frac{1}{\Phi^2}, \frac{1}{\Phi}, 1, \Phi, \Phi^2, \ldots, \Phi^n, \ldots,$$

En ella, se dan propiedades sumativas o aritméticas, ya que cada término es la suma de los dos anteriores; es decir:

$$\Phi^n = \Phi^{n-1} + \Phi^{n-2}, n \in Z$$

y además se dan propiedades multiplicativas o geométricas, ya que cada término es igual al anterior multiplicado por Φ, es decir:

$$\Phi^n = \Phi^{n-1} \cdot \Phi, n \in Z$$

Esto es, si $n \in Z$, entonces se cumple que:

$$\frac{\Phi^n}{\Phi^{n-1}} = \Phi$$

De este modo, entendemos, de una forma argumentada, las palabras de Lawlor (1982): “La proporción áurea representa la fusión armoniosa de los procesos de suma y multiplicación”. También podemos decir que fusiona armoniosamente las dos formas de crecimiento más habituales: el crecimiento aritmético (lineal y mediante la suma) y el geométrico (exponencial y mediante la multiplicación). Estas propiedades, que se presentan de una forma perfecta e ideal en las potencias sucesivas de Φ, son emuladas en procesos más conectados a la realidad, como en la sucesión de Fibonacci (1173-1241): 1, 1, 2, 3, 5, 8, 13…

En ella, cada término, a partir del tercero, es la suma de los dos anteriores:

$$a_n = a_{n-1} + a_{n-2}$$

propiedad idéntica a la de las potencias sucesivas de Φ. También se cumple que:

$$\lim_{n \to \infty} \frac{a_n}{a_{n-1}} = \Phi$$

La segunda propiedad de las potencias sucesivas de Φ, la sucesión de Fibonacci la satisface asintóticamente, en el límite. Dicho en otras palabras, cuando n tiende a infinito, las dos secuencias de números, la de Fibonacci y la de las potencias de la divina proporción, cumplen las mismas propiedades sumativas y multiplicativas.

Actividad 1. Números metálicos.
Los números metálicos son las soluciones positivas de la ecuación de segundo grado $x^2 - a \cdot x - b = 0$, con a y b números naturales.
Busca en internet algunos nombres de estos números e investiga para qué valores de a y b se obtienen.

Actividad 2. Patrones y modelos a partir de un octógono regular.
Dado el octógono regular de lado $\overline{AB} = l$

FIGURA 1.7

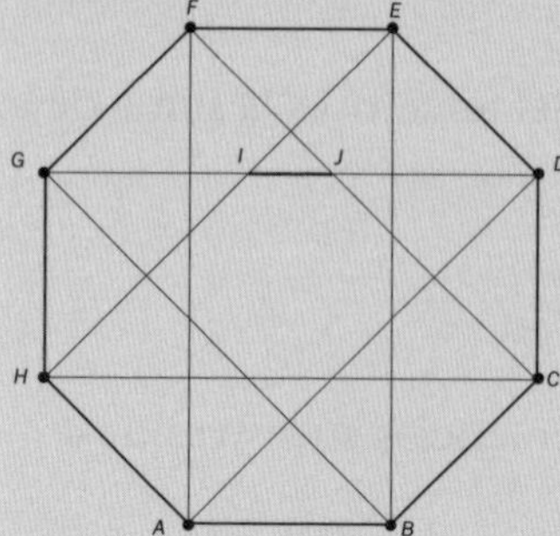

Fuente: Elaboración propia.

Calcula:
En función de l, el lado $\overline{CH}$ del octógono estrellado 8/3, construido en el octógono regular inicial.
En función de l, el lado $\overline{IJ}$ del octógono regular cuyos vértices son puntos de corte de los lados del octógono estrellado.
Considerando el rectángulo *CDGH*, llamado *rectángulo de plata*. ¿Cuál es la razón entre sus lados desiguales? ¿Cuántos rectángulos de plata hay en el octógono inicial?
Si nos fijamos en el triángulo rectángulo cuya hipotenusa es $\overline{AB} = l$. ¿Cuánto miden sus catetos?
Para el triángulo rectángulo de hipotenusa $\overline{IJ}$, calcula la longitud de los catetos.

Actividad 3. Potencias sucesivas.
Sabemos que la proporción áurea

$$\Phi = \frac{1+\sqrt{5}}{2}$$

verifica la propiedad $\Phi^n = \Phi^{n-1} + \Phi^{n-2}$, siendo n un número natural. ¿Sabrías demostrarlo por inducción sobre n?
Sabemos entonces que $\Phi^2 = \Phi + 1$. ¿Puedes encontrar una propiedad similar para el número de plata ; es decir, una relación entre θ^2 y θ? A partir de ella, busca la relación entre θ^n y sus potencias anteriores.

Actividad 4. Un edificio del Renacimiento.

La figura 1.8 representa la planta de un edificio del Renacimiento, de la segunda mitad del siglo XVI. En ella hemos representado una descomposición armoniosa del rectángulo áureo más grande que cabe en la planta (con los lados coincidentes con las fachadas del edificio), resultante de aplicar el método de las diagonales (de los cuadrados y rectángulos) de Hambidge.

FIGURA 1.8

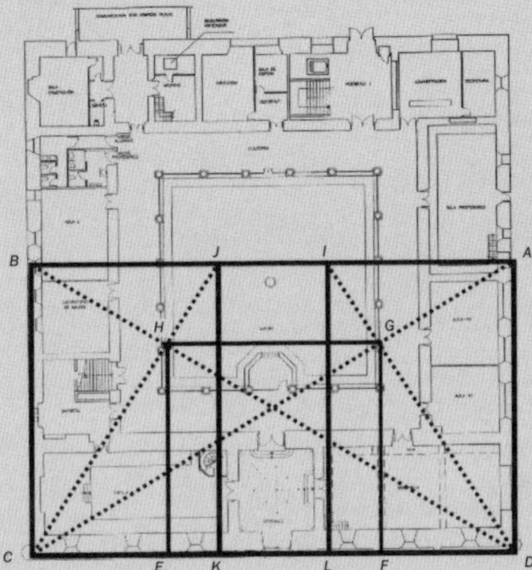

Fuente: elaboración propia.

En la descomposición resultante se tiene que $\overline{CJ}$ es la diagonal del rectángulo áureo *BCKJ*; $\overline{AC}$ y $\overline{BD}$ son las diagonales del rectángulo áureo principal *ABCD* y $\overline{DI}$ es diagonal del rectángulo áureo *AILD*.

Vamos a suponer que $\overline{CD} = a$ es la longitud de esa fachada del edificio. En este contexto:

Calcula las razones trigonométricas del ángulo $\hat{C}$ del triángulo *ACD*.

Demuestra que los triángulos *ACD* y *AID* son semejantes y que $\overline{AC}$ y $\overline{DI}$ son perpendiculares.

Demuestra que el polígono *EFGH* es un cuadrado y que su lado

$$\overline{EF} = \frac{a}{\sqrt{5}}$$

Se puede comprobar que el cuadrado *EFGH*, resultante de la descomposición armoniosa del rectángulo áureo inicial coincide con el cuadrado que delimita el claustro de este edificio. Por tanto, las dimensiones del claustro están determinadas en cuanto se fija la longitud de la fachada principal. En De la Fuente Martínez (2008) se puede profundizar en esta descomposición armoniosa de un rectángulo áureo, así como en otros resultados sobre la presencia de la proporción áurea en este edificio.

CABALLO 109

Capítulo 2

Ábsides y cabeceras

2.1. Introducción

Paseando por el barrio de La Latina, nos sumergimos hace unos meses en la tienda de un anticuario. Aquella tarde de julio no buscábamos nada especial. Hacía un calor asfixiante en Madrid y solo pensábamos en refugiarnos cerca del aire acondicionado.

Pero unos viejos pergaminos roídos llamaron nuestra atención. Tenían imágenes geométricas, dibujos de elementos arquitectónicos, textos explicativos de técnicas constructivas y, por lo que pudimos averiguar más tarde, pertenecían a un maestro constructor del siglo XV.

En un viaje a París, en la Biblioteca Nacional, habíamos tenido la oportunidad de contemplar el cuaderno de viajes de Villard de Honnecourt. Aquel manual era una maravilla, un hombre del medievo dando lecciones sobre el arte de la construcción y la geometría.

No pudimos evitar comparar las dos obras y pensamos que nuestro hallazgo inesperado podría traernos buenas noticias. Hoy os presentamos estos textos, porque la sabiduría necesita ser compartida y el conocimiento debe seguir su camino secular para aportar lucidez, unidad y verdad. Y tras la introducción en primera persona de los temas a tratar por parte del maestro constructor, nosotros, como matemáticos, ofreceremos las explicaciones correspondientes en un lenguaje actual y accesible.

Maestro constructor

Me llamo Hernán Velasco, soy natural de la Granja de Moreruela, cerca de Zamora. Nací en el año 1460 de nuestro Señor y aunque mis orígenes están en estos humildes lares, mi profesión me ha permitido viajar por toda la península y por tierras francesas e italianas. Soy arquitecto, pero me gusta que me llamen maestro, maestro constructor.

Escribo estas líneas porque pienso, y creo no equivocarme, que mis días en este mundo tocan a su fin. Mis fuerzas flaquean después de toda una vida dedicada a la construcción de edificios religiosos. Soy consciente de todos los arcanos que nuestro gremio ha ido transmitiendo de generación en generación y ha llegado el momento de sacarlos a la luz. Creo que, en estos momentos históricos, ya no traiciono a nadie.

Mis conocimientos matemáticos no son muy elevados, pero sí me siento un geómetra. Sin descendencia, por desventura, creo que es la hora de mostrar la belleza geométrica que hay detrás de ermitas, monasterios, iglesias y catedrales, que os ayudará a encontrar su significado interior. Sentíos afortunados, pues pocos son los que han llegado a penetrar en estos conocimientos tan profundos.

He sabido de un monje franciscano, al que llaman Pacioli (1445-1517) y de su libro titulado *De divina proportione*, una de sus obras emblemáticas. En él habla de la perspectiva en los pintores, de los sólidos platónicos y de las ideas arquitectónicas de Vitruvio (80-70 a. C.-15 a. C.). Leonardo da Vinci, su amigo, le ha ilustrado el trabajo con unas bellísimas y elaboradas imágenes de cuerpos geométricos. Explora el número de oro o proporción divina desde una visión matemática y su aplicación a las artes y a la arquitectura. Igual que este monje, yo también quiero mostraros las proporciones ocultas que han regido nuestro trabajo desde hace siglos y lo seguirán haciendo cuando yo ya no esté aquí. Son ellas las que dotan de armonía y belleza a todo lo que los maestros constructores hemos realizado desde que el mundo es mundo.

Os enseñaré, primeramente, a descifrar las proporciones, las simetrías y los ritmos de armonía escondidos en las cabeceras y ábsides de algunos templos y así podréis acercaros a los tesoros que mis antepasados, también arquitectos, fueron transmitiendo hasta llegar a mí. Conoceréis el camino para llegar a la euritmia, esa buena disposición, esa perfecta correspondencia entre las diversas partes de una obra de arte. También os mostraré los números "irracionales" que rigen los elementos arquitectónicos más significativos.

Los comienzos

Mi taller de obras, con el tiempo, ha llegado a alcanzar cierta fama. He trabajado en lugares importantes y en muchas ocasiones se me ha requerido para aportar mis conocimientos en las catedrales de la cristiandad. He aprendido de otros maestros, sobre todo de los que procedían de Francia, donde se originó el estilo, que llamamos gótico, que ha predominado en estos últimos tres siglos. He sido bien considerado socialmente y se me ha pagado muy bien. Pero la senda hasta llegar aquí no ha sido fácil. El camino de aprendizaje ha sido largo y os puedo asegurar que solo los más preparados alcanzan el grado superior de maestro. Yo tuve que presentar mis credenciales ante un tribunal formado por expertos con gran autoridad. Pero empecé como todos, siendo niño, tendría 12 o 13 años, de aprendiz en el taller de mi padre, realizando trabajos muy sencillos. Los lazos familiares en este oficio siempre han sido primordiales. Aprendí latín y así me sumergí en las lecturas de las bibliotecas. Estudié a Euclides (325 a. C.-265 a. C.), a Vitruvio y a otros grandes. Tras seis años y demostrar mis buenas maneras, me hicieron oficial. Antes de los 20 ya había empezado a realizar trabajos especializados, sobre todo de cantería, pero también de escultura, para la que tenía gran habilidad. Aunque yo quería, como mi padre, alcanzar el grado de maestro. Tuve que seguir formándome en matemáticas, en geometría, que me apasionaba, en el arte de nombrar y simbolizar de forma abstracta, en filosofía, gramática, retórica y teología. Fue sobre todo mi padre, con quien compartí largas horas, quien me enseñó los misterios de mi oficio.

Todavía recuerdo el día, como si fuera hoy, en el que pasé aquel duro examen delante de cinco maestros y juré guardar los secretos sobre los que se asentaba nuestro grupo. Ellos me hicieron plenamente consciente de mi investidura. Fui "bautizado", inicié una nueva vida, el poder de la iniciación me transfiguró. Fue para mí un auténtico renacer.

Tengo constancia de una verdadera dinastía de maestros en mi familia, que se remonta a principios del siglo XI. Mi padre aprendió de mi abuelo, que a su vez lo hizo de su padre, y así se pierde mi memoria en una saga que ya perdura más de 400 años. Toda su sabiduría se ha ido transmitiendo hasta llegar a mí. ¿Por qué perder tanto conocimiento, tanto bien, tanta belleza? Por eso hoy me siento a escribir con el deber de que no quede nada en el olvido y las futuras generaciones puedan encontrar en estas sencillas líneas un patrimonio invisible e intangible que debéis sacar a la luz para que todos puedan disfrutar de él.

Los arcanos de las cabeceras

Sin duda, no ignoráis que las cabeceras de las iglesias representan la cabeza de Cristo, como el crucero simboliza sus brazos en la cruz. Y que en algunas iglesias la cabecera está inclinada respecto a la nave central, representando la cabeza caída del crucificado. En mi época no hay nada en la tierra que no tenga una representación divina.

Siempre empiezo mis obras por aquí, de esta forma los actos litúrgicos pueden celebrarse aun cuando falte mucho tiempo hasta su completa finalización. Enfocadas a oriente, las cabeceras son el primer lugar donde llega la luz del nuevo día, el reflejo de Cristo en la alborada. Los ábsides son la parte más cercana a Dios y de ahí su forma habitualmente semicircular. El círculo siempre lo hemos identificado con la divinidad.

En las catedrales del gótico aparecen esos grandes ábsides semicirculares rodeados de un deambulatorio que se abre en multitud de capillas radiales. ¿Os imagináis las liturgias celebrándose simultáneamente en todas ellas formando una perfecta sinfonía religiosa? ¡La sensación de armonía es indescriptible! ¡Toda la cabecera llena de una bella música divina y de una luz unificadora!

Desde el siglo VI, las iglesias hispanas se caracterizaron por el uso de cabeceras cuadradas para rematar sus edificios. Lo podéis observar en la iglesia visigoda de Santa María en Quintanilla de las Viñas (Burgos), del siglo VII, y también en la capilla de San Miguel Arcángel en el monasterio de San Salvador en Celanova (Ourense), del siglo X. Estas cabeceras cuadradas han pervivido en la península hasta mis días, sobre todo en las zonas septentrionales, quizá por los bajos recursos de las poblaciones locales, otras veces fruto de la tradición o del necesario proceso de aprendizaje que los artistas tuvieron que llevar a cabo para adaptarse al nuevo modelo artístico, que llamamos románico y que se impuso a partir del siglo XI.

A partir de este momento se implantan, de forma progresiva, los ábsides poligonales y semicirculares, propios del nuevo estilo, que ya estaban por toda

Europa. El apogeo de la sociedad medieval propició un gran desarrollo de las construcciones en piedra. Muchos se especializaron y empezaron a trabajarla. Los maestros del siglo XI, utilizando técnicas romanas, mediante el arco de medio punto y la bóveda de cañón, levantaron templos como no se había hecho en siglos. En la ermita de la Asunción en San Asensio de los Cantos (La Rioja) aparecen ya proporciones más complejas. Y en la de Santa Eulalia, en Aguilar de Campoo, aparece la semicircunferencia dividida en tres sectores, lo que relaciona la cabecera con el hexágono y el triángulo equilátero.

Cerca de mi casa se levanta el Monasterio de Moreruela donde trabajaron mis antepasados, lo que me hace sentir mucho orgullo. Una construcción espectacular del siglo XII con elementos románicos, pero donde se puede apreciar que algo nuevo estaba llegando. La cabecera de Moreruela tiene tres alturas, la inferior con siete capillas radiales, como os explicaré más adelante en detalle.

Los maestros del románico fueron perfeccionando sus técnicas, gracias a instrumentos como cartabones, escuadras y plomadas. En su utilización eran unos expertos. Solo ellos eran capaces de manejarlos con precisión absoluta. Crearon gremios para transmitir su sabiduría, desde los maestros hasta el último aprendiz en una cadena que fue toda una innovación en aquel momento. Mis antepasados fundaron un taller de arquitectura y escultura, muy bien organizado, que es el que ahora yo dirijo. Pero a mediados del siglo XII, las posibilidades técnicas de la arquitectura románica habían tocado techo. Y es ahí cuando empieza a vislumbrarse una nueva forma de construir, donde el manejo de la luz iba a ser vital. El arco de medio punto, con una proporción apoyada en la relación 1 a 2 dio lugar a propuestas mucho más audaces. Lo podéis observar si visitáis la Real Colegiata de Santa María de Roncesvalles o las catedrales de Burgos y Toledo. Por cierto, en la capital burgalesa pude trabajar junto al gran maestro Simón de Colonia y su hijo, Francisco.

Las cabeceras de estos templos tienen una estructura pentagonal (o de medio decágono), donde impera la proporción áurea y en los ritmos de armonía aparecen algunas de las potencias de este número excepcional.

Sé que ardéis en deseos de conocer más, así que voy a saciar vuestra curiosidad. Os mostraré el trabajo que he realizado y profundizaré en multitud de detalles matemáticos y geométricos. ¡Dejaos asombrar!

2.2. Evolución de ábsides y cabeceras

Nada mejor que unos ejemplos para adentrarnos en el verdadero sentido y significado matemático de los ábsides y cabeceras de iglesias y catedrales. Veremos la evolución de estas construcciones en España a lo largo de varios siglos, repasando diferentes estilos arquitectónicos, desde el prerrománico hasta el periodo tardogótico.

2.2.1. Ábsides prerrománicos

Los ábsides de las catedrales tienen sus antecedentes en los de las ermitas e iglesias mozárabes y prerrománicas que salpican la geografía de los reinos cristianos. A este respecto, hemos seleccionado las dos más representativas que veremos a continuación.

2.2.1.1. Ermita de Santa María de las Viñas (Burgos)

La primera (figura 2.1) es la ermita de origen visigodo (finales del siglo VII) de Santa María en la localidad de Quintanilla de las Viñas (Burgos). Declarada monumento nacional en 1929, conserva el ábside cuadrado y el transepto (nave transversal que en las iglesias se cruza con la principal ortogonalmente), como podemos ver en la zona sombreada de la planta.

Figura 2.1

Ermita de Santa María en Quintanilla de Villas (Burgos)

Fuente: Wikipedia.

La figura 2.2 representa un esquema del ábside, en el que se visualiza el cuadrado de vértices *ABCD*, tres de cuyos lados delimitan el recinto.

FIGURA 2.2

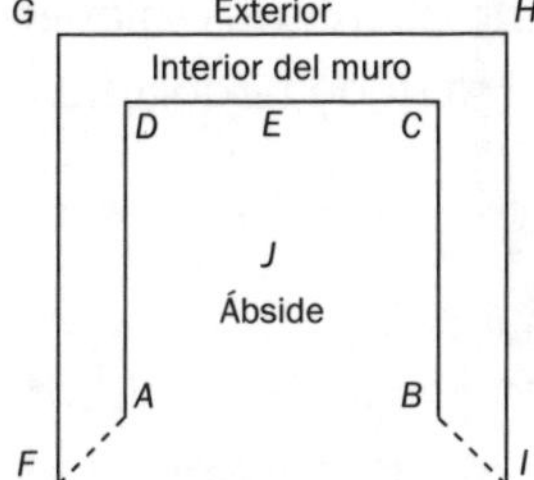

Fuente: Elaboración propia.

Si el altar estuviera originalmente situado en el centro del lado *CD*, junto al muro, en el punto *E*, entonces se tendría que:

$$\overline{EB} = \overline{EA} = \frac{\sqrt{5}}{2} \cdot \overline{AB}$$

donde $\overline{AB}$ es el lado del cuadrado.

Por el contrario, si el altar hubiera estado situado en el centro del recinto, en el punto *J*, entonces se cumpliría que:

$$\overline{JC} = \overline{JD} = \overline{JB} = \overline{JA} = \frac{\sqrt{2}}{2} \cdot \overline{AB}$$

Estos dos patrones dinámicos $\sqrt{5}/2$ y $\sqrt{2}/2$, habituales en el cuadrado, proporcionan una idea del tipo de estética del recinto.

2.2.1.2. Capilla de San Miguel Arcángel (Ourense)

Figura 2.3

Fuente: Wikipedia.

La segunda (figura 2.3) es la capilla de San Miguel Arcángel, situada dentro del monasterio de San Salvador, en Celanova (Ourense). Construida entre los años 927 y 942, es uno de los edificios religiosos más singulares de España y fue declarado monumento nacional en 1923. Como puede verse, el ábside es cuadrado en el exterior y forma un círculo casi completo en el interior. Por su parte, en la figura 2.4 se muestra un modelo del ábside, en el que el altar se sitúa en el punto *O*, el centro del recinto.

Figura 2.4

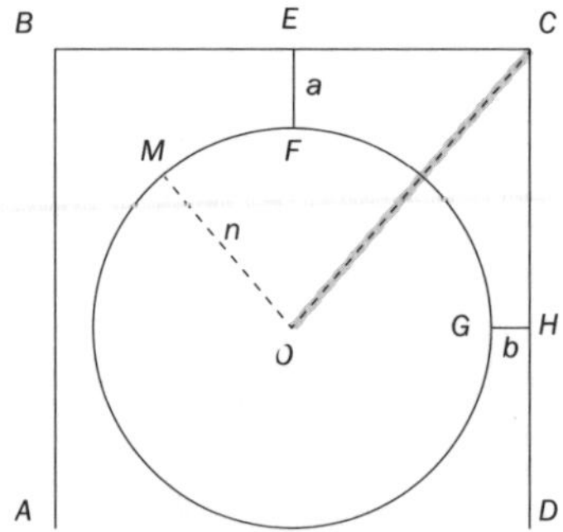

Fuente: Elaboración propia.

Considerando el lado del cuadrado exterior, $\overline{BC} = l$, y los parámetros $a = \overline{EF}$ y $b = \overline{GH}$ como las distancias del círculo a cada uno de los lados del cuadrado, tenemos que:

$$\overline{OC} = \frac{\sqrt{2}}{2} \cdot l; \ \overline{OM} = \frac{l - 2b}{2} = \frac{l}{2} - b$$

$$\overline{MB} = \frac{\sqrt{2}}{2} \cdot l - \left(\frac{l}{2} - b\right) = \frac{l(\sqrt{2} - 1)}{2} + b$$

Los patrones dinámicos que aparecen son $\sqrt{2}/2$ y $\sqrt{2} - 1$, y como

$$\sqrt{2} - 1 = \frac{1}{\sqrt{2} + 1}$$

este patrón es el inverso del número de plata $\theta = \sqrt{2} + 1$.

2.2.2. Ábsides románicos

Los cambios en la evolución de los ábsides se hacen patentes con la llegada del estilo románico. De los ábsides rectangulares o cuadrados se pasa, habitualmente, a los poligonales exteriores (no rectangulares ni cuadrados) y a los semicirculares, divididos, de formas muy variadas, en sectores circulares. Hemos seleccionado algunos ejemplos muy ilustrativos de la evolución y de los cambios a nivel matemático que se producen en los ábsides.

2.2.2.1. Ermita de la Asunción (La Rioja)

Figura 2.5

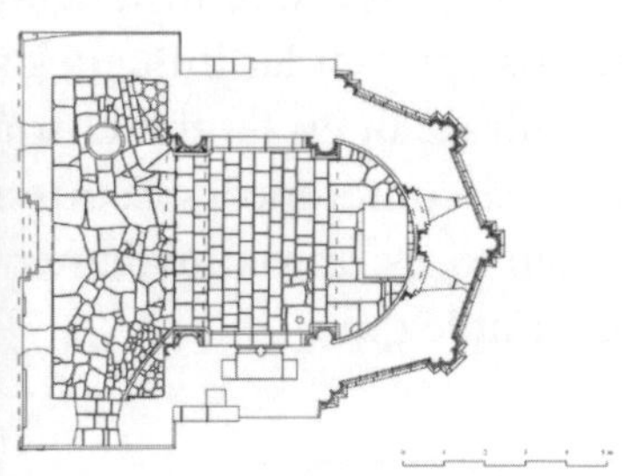

Fuente: Wikipedia.

La singular ermita románica de la Asunción, en Santasensio de los Cantos (también San Asensio de los Cantos), en La Rioja, fue declarada bien de interés cultural con categoría de Monumento histórico artístico en 1983, es una construcción de la primera mitad del siglo XI, siendo su ábside semicircular en el interior y semioctogonal en el exterior (figura 2.5, imagen derecha).

En el modelo geométrico, elaborado sobre la planta (figura 2.6), se observa el octógono, cuya mitad da forma exterior al ábside.

Figura 2.6

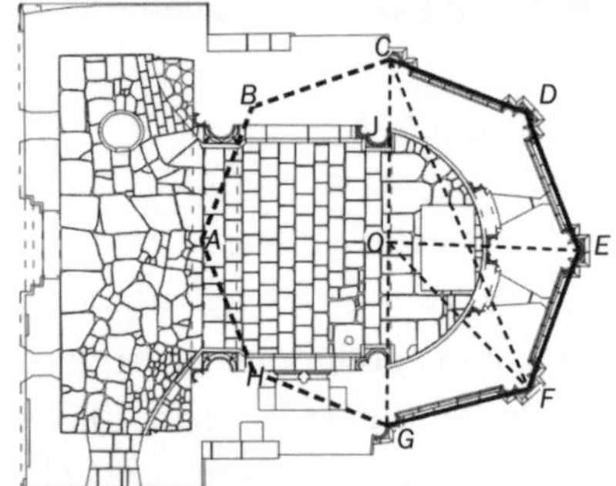

Fuente: Elaboración propia.

Aunque el octógono real no es regular, sobre todo debido a que los ángulos interiores no son exactamente de 135°, vamos a considerarlo como tal, porque las diferencias son inapreciables para el ojo humano y, en casi todas las épocas se han dado estas circunstancias. En este contexto, en el que podemos apreciar las influencias prerrománicas, nos fijaremos en la figura 2.6, en la que el triángulo *OEF*, formado por radios de la circunferencia circunscrita al octógono y el lado de este polígono, es, aproximadamente, un triángulo cordobés[3], donde se cumple que:

3. El triángulo cordobés es un triángulo isósceles cuya razón entre sus lados desiguales es la proporción cordobesa.

$$\frac{\overline{OF}}{\overline{EF}} = c = \frac{1}{\sqrt{2-\sqrt{2}}}$$

donde *c* es la proporción cordobesa. Lo mismo ocurre con el triángulo *OFG* y los demás triángulos, análogos a estos, del octógono.

Como consecuencia de esto:

$$\overline{CG} = 2 \cdot c \cdot l = 2 \cdot c \cdot \overline{EF}$$

Y si la anchura del muro es $\overline{CJ} = a$, tenemos que el radio de la parte interior del ábside es $\overline{OJ} = c \cdot l - a$.

Por otra parte, $\overline{CF}$ es el lado del octógono estrellado 8/3 y también se cumple que:

$$\overline{CF} = (1+\sqrt{2}) \cdot \overline{EF} \rightarrow \frac{\overline{CF}}{\overline{EF}} = 1+\sqrt{2} = \theta$$

donde $1+\sqrt{2} = \theta$ es el número de plata.

Por último, el triángulo *CFG* es rectángulo y se cumple que:

$$\overline{CG}^2 = \overline{CF}^2 + \overline{FG}^2$$

Es decir:

$$(2 \cdot c \cdot l)^2 = ((1+\sqrt{2}) \cdot l)^2 + l^2$$

o también, operando: $4 \cdot c^2 = (1+\sqrt{2})^2 + 1$. Esta igualdad numérica la podemos escribir como:

$$4 \cdot \left(\frac{1}{\sqrt{2-\sqrt{2}}}\right)^2 = (1+\sqrt{2})^2 + 1$$

Como podemos observar, en el ábside aparecen la proporción cordobesa y el número de plata, combinándose los dos en algunas longitudes importantes. Todo ello ilustra la belleza, armonía y euritmia de esta construcción que podríamos situar, desde un punto de vista matemático, como de transición entre el prerrománico y el románico, siendo única por la forma exterior del ábside.

2.2.2.2. Ermita de Santa Eulalia (Palencia)

Después de analizar el ábside anterior, exteriormente semipoligonal e interiormente semicircular, pasaremos a centrarnos en varias iglesias románicas, con ábside semicircular, exterior e interiormente, dividido por columnas, en algunos casos embebidas (es decir, parcialmente incrustada dentro del muro, sobresaliendo de él) y en otros entregadas (donde el fuste no es de una sola pieza, sino formado por trozos empotrados en el muro).

Comenzaremos por un ejemplo del románico rural de la montaña palentina, la ermita de Santa Eulalia, en las afueras de barrio de Santa María, municipio perteneciente a Aguilar de Campoo. Su construcción data de finales del siglo XI y principios del XII. Está declarada bien de interés cultural en la categoría de monumento histórico-artístico desde 1966. En la figura 2.7 pueden apreciarse la planta y el ábside semicircular, dividido en tres sectores por dos columnas.

Figura 2.7

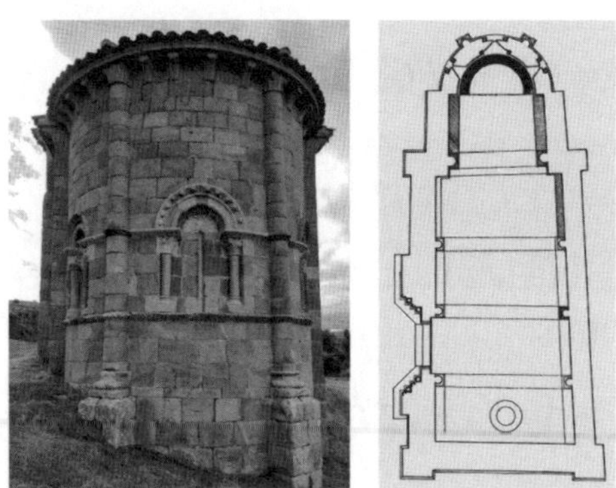

Fuente: Wikipedia.

La elección de esta ermita, entre los múltiples ejemplos con estas características, responde al modelo de ábside dividido en tres sectores de igual amplitud, con ventana en cada uno de ellos y cuya bóveda está formada por un cuarto de esfera, también denominada *bóveda de horno*.

Para el estudio matemático del ábside, nos vamos a fijar en la figura 2.8, que contiene un modelo geométrico bastante ajustado a sus características: se trata de un hexágono regular, *ABCDEF*, en el que la pared exterior del ábside, con forma de semicírculo de radio $\overline{GJ}$, está inscrita en él, y el lado $\overline{EF}$ del hexágono es una línea importante del presbiterio.

FIGURA 2.8

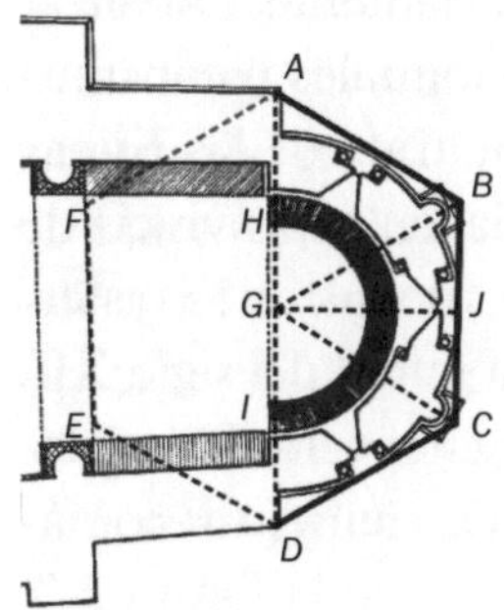

Fuente: Elaboración propia.

En este contexto, los triángulos *ABG*, *GBC* y *CGD* son equiláteros, por tanto, el radio de la semicircunferencia, que da lugar a la pared exterior del ábside, verifica que:

$$\overline{GJ} = \frac{\sqrt{3}}{2} \cdot \overline{BC} \rightarrow \frac{\overline{GJ}}{\overline{BC}} = \frac{\sqrt{3}}{2}$$

También se cumple que el grosor de la pared interior del ábside está determinado por los puntos *H* e *I*, puntos medios de los radios $\overline{AG}$ y $\overline{DG}$, de manera que, si dejáramos de lado este grosor, la semicircunferencia tendría por radio la siguiente distancia:

$$\overline{HG} = \overline{GI} = \frac{\overline{AB}}{2} = \frac{\overline{GB}}{2}$$

Es decir, que el radio de la pared interior sería la mitad del radio de la pared exterior.

Tenemos que los ábsides semicirculares divididos en tres sectores iguales están regidos por el patrón $\sqrt{3}$, propio de los triángulos equiláteros y los hexágonos. A continuación, estudiaremos algún caso en el que el ábside tenga otro número de divisiones.

2.2.2.3. Monasterio de Santa María de Moreruela (Zamora)

La división de ábsides en cinco sectores suele ser habitual en esta época y existen muchos ejemplos en el estilo románico y el primer gótico. Pero nos vamos a detener, previamente, a analizar un ejemplo que se sale de los parámetros habituales y constituye un caso muy singular en este periodo. Se trata de las ruinas del monasterio de Santa María de Moreruela, en la provincia de Zamora, considerado uno de los primeros monasterios cistercienses de la península ibérica, de la primera mitad del siglo XII.

Para su estudio nos centraremos en la cabecera de la iglesia, del siglo XII, que presenta una mezcla de elementos románicos y del primer gótico. Como se puede ver en la figura 2.9, exteriormente, la cabecera está formada por tres cuerpos de diferentes alturas: el más bajo lo constituyen siete absidiolos o capillas radiales que cierran la girola, siendo esta la que conforma el cuerpo intermedio y cierra la capilla mayor o ábside, que compone el tercer cuerpo o superior. En el modelo de la planta se pueden apreciar las siete capillas o absidiolos, las columnas de la girola y la capilla mayor en el centro de la cabecera.

Figura 2.9

Fuente: Wikipedia.

Entre las singularidades de esta construcción se destaca que son siete los absidiolos que dividen exteriormente la cabecera (el mayor número de divisiones entre los ábsides estudiados hasta ahora) y que la cabecera está formada por tres cuerpos de diferentes alturas, con capilla mayor, girola y capillas radiales (los absidiolos), una estructura que se asemeja a la de las catedrales góticas.

Para nuestro estudio nos centraremos en la búsqueda de los patrones dinámicos de armonía, que subyacen en esta cabecera, bastante compleja si tenemos en cuenta la época en la que se construyó.

La fotografía de la figura 2.10 nos permite observar el ábside dividido por seis columnas; detrás se sitúa la girola, que es la parte más antigua del edificio, de 1126, y, al fondo, se distinguen los accesos a algunos de los siete absidiolos. En la imagen derecha de la misma figura podemos observar la planta de todo el conjunto. En ella aparece también el presbiterio, en el que se sitúan dos de los siete absidiolos.

Figura 2.10

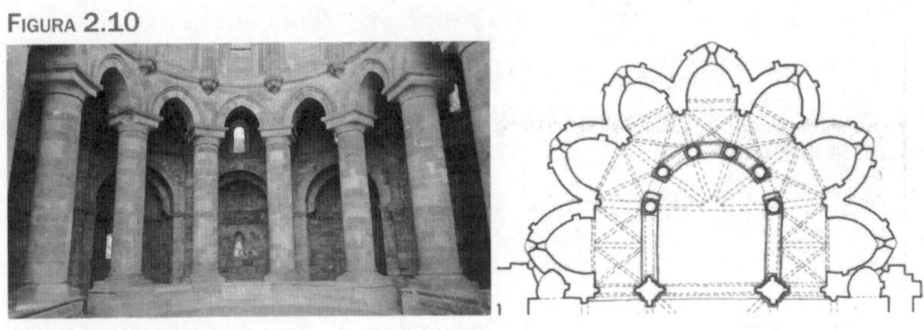

Fuente: Wikipedia.

El modelo geométrico del conjunto aparece en la figura 2.11; en ella podemos ver el decágono regular (más exterior) de lado $\overline{CD} = 1$; el decágono estrellado 10/3, de lado $\overline{AD} = \overline{BE}$; el decágono regular de lado $\overline{MN}$, en el interior del decágono exterior; el decágono estrellado 10/3, de lado $\overline{MT}$, anidado en el primero, y, por último, el decágono regular de lado $\overline{LW}$, también concéntrico con los anteriores.

Figura 2.11

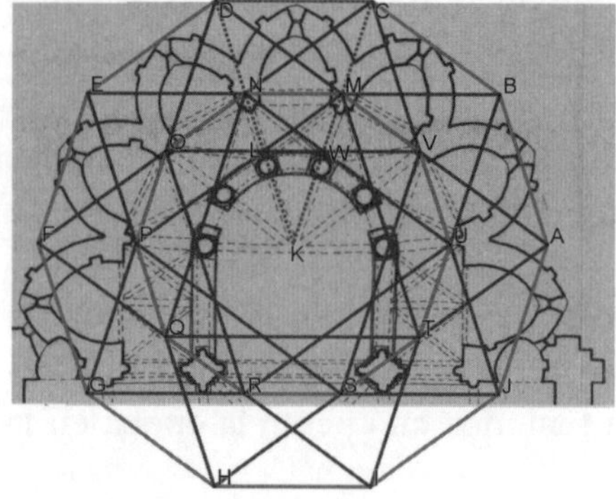

Fuente: Elaboración propia.

En la secuencia de decágonos regulares, nos fijaremos en los triángulos *CDK*, *MNK* y *WLK*, formados por los lados y los radios de las circunferencias circunscritas a cada uno de los decágonos. Todos ellos son triángulos sublimes o áureos y verifican que:

$$\frac{\overline{DK}}{\overline{DC}} = \frac{\overline{NK}}{\overline{NM}} = \frac{\overline{LK}}{\overline{LW}} = \Phi$$

Si intercambiamos algunos términos de las proporciones, podemos poner:

$$\frac{\overline{DC}}{\overline{NM}} = \frac{\overline{NM}}{\overline{LW}} = \Phi$$

Por tanto, la sucesión de los lados de los decágonos regulares es:

$$l \cdot \frac{l}{\Phi}, \frac{l}{\Phi^2}, \ldots,$$

"De una manera natural", como diría Ghyka (1968a: 42), hemos encontrado el ritmo arquitectónico de armonía de la cabecera del monasterio de Santa María de Moreruela, que está regido por la divina proporción, presentando varias potencias sucesivas del número de oro. Es realmente sorprendente la riqueza y complejidad de esta construcción: su simetría, su euritmia y su belleza global regidas por la proporción áurea.

2.2.3. Ábsides góticos

El estudio anterior, a caballo entre el románico y el gótico, es un buen ejemplo para adentrarnos en este último estilo, caracterizado por el arco ojival, los arbotantes y la bóveda de crucería como elementos más sobresalientes.

2.2.3.1. Real Colegiata de Santa María de Roncesvalles (Navarra)

Vamos a proponer un ejemplo, esta vez del gótico, como es el ábside de la Real Colegiata de Santa María de Roncesvalles, de principios del siglo XIII (entre 1215 y 1221). Declarada bien de interés cultural, constituye un ejemplo modelo del primer gótico en España. Como podemos ver en la figura 2.12, se trata de un ábside pentagonal, reforzado exteriormente con cuatro gruesos contrafuertes. La planta de la iglesia ilustra fielmente la forma de medio decágono regular del ábside, como también podemos ver con más detalle en la figura 2.13.

FIGURA 2.12

Fuente: Wikipedia.

Centrándonos en la figura 2.13, podemos ver el decágono regular de lado $\overline{CD}$ y centro el punto K. Fijándonos en el triángulo de vértices C, D y K, tenemos que el ángulo $\widehat{K} = 36°$ y los ángulos $\widehat{KCD} = \widehat{CDK} = 72°$. Teniendo en cuenta el resultado obtenido en la figura 2.12 del apartado 2.2.2.3 relativo a los lados de un triángulo áureo o sublime, tenemos que el triángulo *CDK* lo es y se cumple que la razón entre sus lados distintos es $\overline{CK}/\overline{CD} = \Phi$, donde Φ es la proporción áurea.

FIGURA 2.13

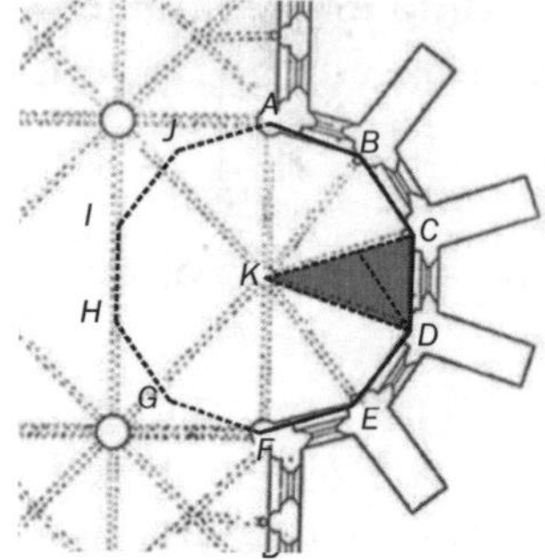

Fuente: Elaboración propia.

Luego el ábside está formado por cinco triángulos sublimes o áureos, que muestran la importante presencia de la divina proporción.

2.2.3.2. Catedral de Burgos

Después de este ejemplo del primer gótico, nos centraremos en la cabecera de una catedral gótica emblemática, como es la de Burgos, cuya construcción comenzó en 1221 y nombrada Patrimonio de la Humanidad en 1984. En la fotografía de la figura 2.14 podemos observar la cabecera semicircular y los cuerpos que la componen. En el modelo de la planta primigenia podemos apreciar la cabecera con la capilla mayor, la girola y las capillas radiales.

FIGURA 2.14

Fuente: Cortesía de los autores.

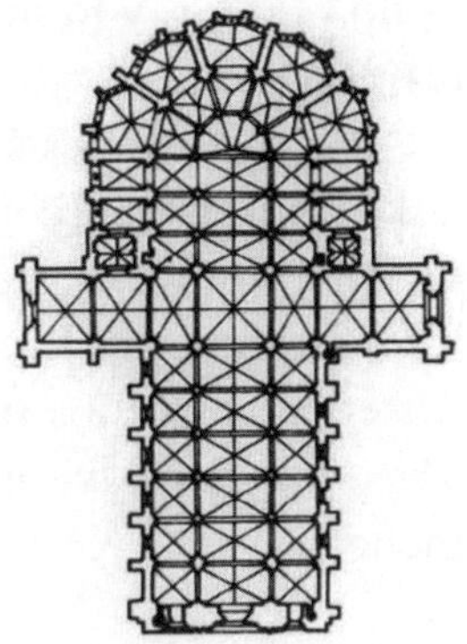

Fuente: Wikipedia.

Para el estudio matemático (figura 2.15) hemos utilizado el plano de Karge (1995), sobre el que hemos construido el modelo geométrico que explica la estructura conjunta de la cabecera. El modelo de la derecha, elaborado con GeoGebra, esquematiza la situación.

FIGURA 2.15

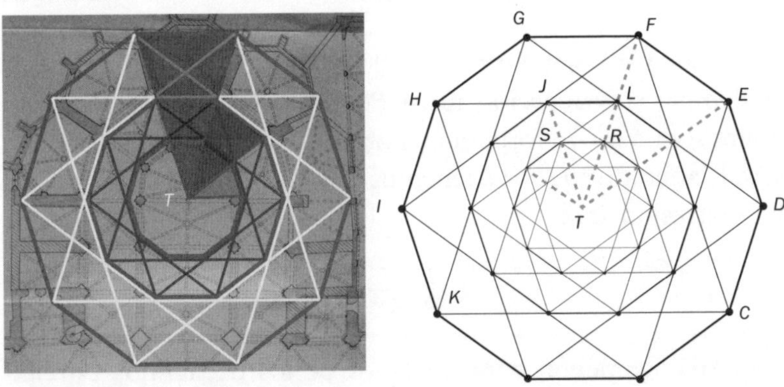

Fuente: Elaboración propia.

En la figura 2.14 podemos observar que la semicircunferencia absidial está dividida en cinco partes, cada una de ellas con un esbelto ventanal. El trasaltar (espacio situado detrás del altar mayor en una gran iglesia o catedral) es poligonal y los cinco lados conforman la mitad de un decágono regular, y lo mismo ocurre con las cinco capillas radiales poligonales.

La cabecera está compuesta por mitades de decágonos regulares anidados (concéntricos, unos dentro de otros), de lados $\overline{GF}$, $\overline{JL}$, $\overline{SR}$, junto con decágonos estrellados 10/3, inscritos en los dos primeros. La secuencia de decágonos regulares está caracterizada por los triángulos sublimes o áureos, *TEF*, *TJL* y *TRS*, los cuales verifican que la razón entre su lado mayor y menor es:

$$\frac{\overline{TE}}{\overline{EF}} = \frac{\overline{TL}}{\overline{JL}} = \frac{\overline{TR}}{\overline{SR}} = \Phi$$

siendo Φ la proporción áurea. O también, como $\overline{EF} = \overline{GF}$, podemos escribir:

$$\frac{\overline{GF}}{\overline{JL}} = \frac{\overline{JL}}{\overline{SR}} = \Phi$$

También se cumple que:

$$\frac{\overline{FT}}{\overline{LT}} = \frac{\overline{LT}}{\overline{RT}} = \Phi$$

Luego la razón entre los lados de los decágonos anidados es siempre la proporción áurea. Por tanto, los lados de los decágonos, $\overline{GF}$, $\overline{JL}$, $\overline{SR}$, forman una progresión geométrica de razón $1/\Phi$. Llamando a $\overline{GF} = l$, tenemos que los primeros términos de la progresión son:

$$l \cdot \frac{l}{\Phi}, \frac{l}{\Phi^2}, \ldots,$$

Análogamente, para los lados de los decágonos estrellados 10/3, el primero de ellos se puede calcular aplicando el teorema del coseno al triángulo isósceles *EHT*, cuyos lados iguales miden $\overline{ET} = \overline{HT} = r = l \cdot \Phi$ y el ángulo comprendido es $\widehat{HTE} = 108^\circ$, de donde se obtiene:

$$\overline{EH} = 2 \cdot l \cdot \Phi \cdot \text{sen } 54^\circ$$

La sucesión que forman es:

$$2 \cdot l \cdot \Phi \cdot \text{sen } 54°, 2 \cdot l \cdot \text{sen } 54°, 2 \cdot \frac{l}{\Phi} \cdot \text{sen}54°, \ldots,$$

Una progresión geométrica de razón $1/\Phi$ y primer término $2 \cdot l \cdot \Phi \cdot \text{sen } 54°$. Como era de esperar, la proporción áurea sigue presente como una invariante que rige los cambios en las dimensiones de las figuras.

Si aplicamos todo ello en la práctica, tendríamos que al dividir la anchura de las capillas de la catedral de Burgos, esto es $\overline{JL}$, entre el lado del trasaltar, es decir $\overline{SR}$, obtendríamos la proporción áurea: Φ.

Por tanto, la cabecera de la catedral está regida por la progresión geométrica de las potencias de la divina proporción, por lo que su ritmo es áureo. Ocurre de igual forma en las catedrales que tienen la cabecera dividida en cinco partes, siempre y cuando la girola y la capilla mayor sigan la configuración geométrica de los decágonos estrellados anidados.

Cuando el número de partes o sectores en que se divide el ábside es diferente, es decir, si la cabecera está dividida en *n*/2 partes, el polígono regular será un *n*-ágono, como se ve en la figura 2.16.

FIGURA 2.16

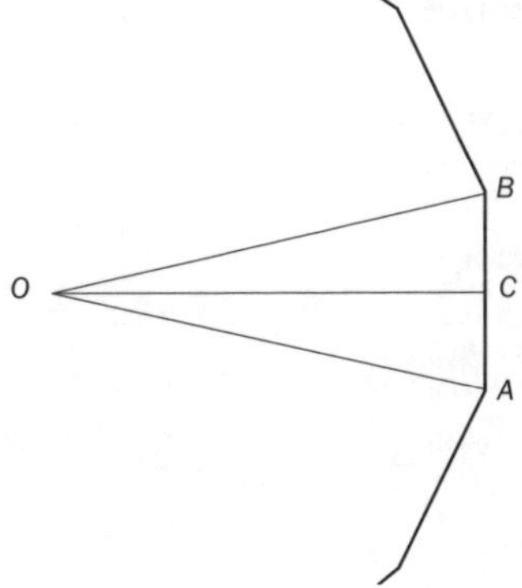

Fuente: Elaboración propia.

En ella tenemos que el ángulo central $\hat{O} = 2\pi/n$ y considerando el triángulo rectángulo OBC, con $\overline{AB} = l$, el lado del n-ágono y $\overline{OB} = r$, radio de la circunferencia circunscrita al mismo, podemos calcular:

$$\text{sen}\,\widehat{BOC}\,\text{sen} = \frac{\pi}{n} = \frac{l/2}{r} \rightarrow \frac{l}{r} = 2 \cdot \text{sen}\frac{\pi}{n} \rightarrow \frac{r}{l} = \frac{1}{2 \cdot \text{sen}\frac{\pi}{n}}$$

Por otra parte, como:

$$\text{sen}\frac{\pi}{n} = \sqrt{\frac{1 - \cos\frac{2\pi}{n}}{2}}$$

Sustituyendo, tenemos:

$$\frac{l}{r} = \sqrt{2} \cdot \sqrt{1 - \cos\frac{2\pi}{n}} \rightarrow \frac{r}{l} = \frac{1}{\sqrt{2} \cdot \sqrt{1 - \cos\frac{2\pi}{n}}}$$

Hemos obtenido la razón entre el lado de un polígono regular y el radio de su circunferencia circunscrita. Como se puede comprobar, para distintos polígonos y haciendo el cociente entre el mayor de los dos y el menor:

$$n = 4 \rightarrow \frac{l}{r} = \sqrt{2} = p_4$$

$$n = 6 \rightarrow \frac{l}{r} = 1 = p_6$$

A partir de aquí, como $r > l$, tenemos:

$$n = 8 \rightarrow \frac{r}{l} = \frac{1}{\sqrt{2 - \sqrt{2}}} = c = p_8$$

que resulta ser la proporción cordobesa,

$$n = 10 \rightarrow \frac{r}{l} = \Phi = p_{10}$$

que resulta ser la proporción áurea.

$$n = 12 \rightarrow \frac{r}{l} = \frac{1}{\sqrt{2 - \sqrt{3}}} = p_{12}$$

Aclaremos que en la notación elegida para la razón entre el lado y el radio, p_i, la p significa proporción y el subíndice i es el número de lados del polígono regular.

Esta última proporción, p_{12}, propia del dodecágono, la encontraremos más adelante en el capítulo 5, concretamente en el estudio de la iglesia de la Vera Cruz de Segovia. Allí aprovecharemos para explicar lo que denominamos *proporción segoviana* y pondremos:

$$s = p_{12} = \frac{1}{\sqrt{2 - \sqrt{3}}}$$

Por tanto, hemos encontrado varias proporciones en los casos estudiados: la proporción cordobesa, $c = p_8$, la proporción áurea, $\Phi = p_{10}$ y la proporción segoviana, $s = p_{12}$, todas ellas obtenidas de manera natural. Para otros polígonos regulares (heptágono, nonágono, etc.) también se pueden calcular las mismas razones, pero en estos casos las razones trigonométricas que aparecen no tienen unas expresiones conocidas como en los anteriores, se podrían obtener aproximaciones de ellas con la calculadora. A continuación, expondremos un ejemplo de ello para finalizar el capítulo.

2.2.3.3. Catedral de Toledo

Vamos a analizar ahora la cabecera de la catedral de Toledo, cuya construcción se inició en 1226, que nos va a servir como ejemplo de la complejidad que presentan tanto los polígonos base como los patrones dinámicos que la estructuran. En la figura 2.17 podemos apreciar la planta con la cabecera y la nave central.

Figura 2.17

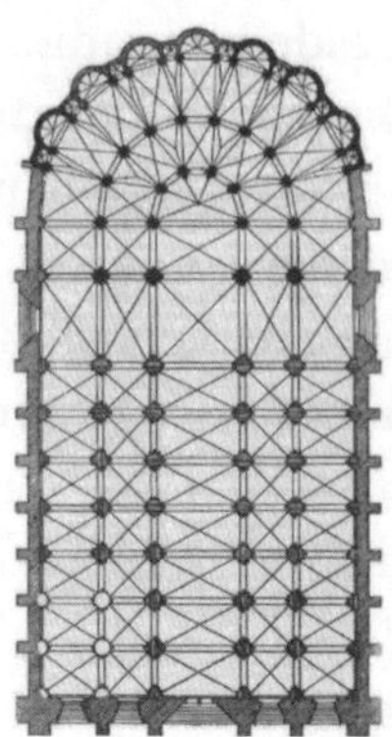

Fuente: Wikipedia.

Como podemos observar en la planta de la figura 2.17 y en la figura 2.18, la cabecera está dividida en nueve sectores que conforman la mitad de un octodecágono (18 lados) regular, de lado $\overline{AB}$, en la parte superior de la figura. A partir de él, construimos el octodecágono estrellado 18/5, de lado $\overline{GH}$, que delimita las dimensiones de la doble girola (imagen izquierda de la figura 2.18). Los puntos de intersección de los lados de este polígono estrellado dan lugar al nuevo octodecágono regular de lado $\overline{CD}$, que configura la división de la girola en dos partes diferenciadas.

Figura 2.18

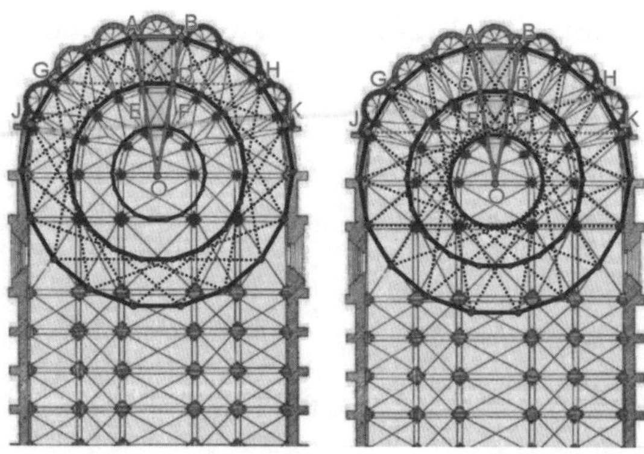

Fuente: Elaboración propia.

Para delimitar el trasaltar nos fijaremos en la imagen derecha de la figura 2.18. El modelo geométrico que más se adapta a sus dimensiones reales es el que se obtiene a partir del octodecágono estrellado 18/7, de lado $\overline{JK}$, cuyo octodecágono regular generado por él tiene por lado $\overline{EF}$.

Para el estudio de patrones, proporciones y ritmo de armonía, vamos a partir de la figura 2.19, que nos presenta la situación geométrica con los principales parámetros a estudiar. Fijaremos el lado del octodecágono regular como parámetro inicial, $\overline{AB} = l$, de forma que el resto de distancias las calcularemos en función de él.

FIGURA 2.19

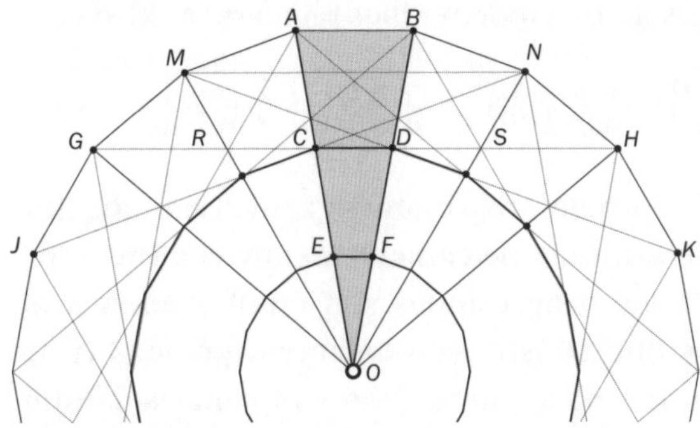

Fuente: Elaboración propia.

En primer lugar, analizaremos las sucesiones de los lados de los octodecágonos, el regular y el estrellado 18/5. Para ello consideraremos, como más arriba, $\overline{AB} = l$ y el radio de la circunferencia circunscrita $\overline{OB} = r$. Como el ángulo $\widehat{AOB} = 2\pi/18 = \pi/9$ radianes equivale a 20°, sabemos, por los cálculos efectuados con el n-ágono, que:

$$\frac{r}{l} = \frac{1}{2 \cdot \operatorname{sen}\frac{\pi}{18}} = \frac{1}{2 \cdot \operatorname{sen} 10^{\circ}} \rightarrow r = \frac{l}{2 \cdot \operatorname{sen} 10^{\circ}}$$

Evitamos los cálculos, yendo directamente a los resultados.

La secuencia de los lados de los octodecágonos regulares es:

$$l, l\cdot\frac{3\cdot\text{sen }40^\circ}{\text{sen }100^\circ}, l\cdot\left(\frac{3\cdot\text{sen }40^\circ}{\text{sen }100^\circ}\right)^2,\ldots,$$

La de los radios de las circunferencias circunscritas a los octodecágonos regulares, $r=\overline{OB}, \overline{OD},\ldots,$

$$l\cdot\frac{1}{2\cdot\text{sen }10^\circ}, l\cdot\frac{6\cdot\text{sen }80^\circ\cdot\cos 20^\circ}{\text{sen }100^\circ},$$

$$l\cdot\frac{1}{2\cdot\text{sen }100^\circ}\cdot\left(\frac{12\cdot\text{sen }80^\circ\cdot\cos 20^\circ\cdot\text{sen }10^\circ}{\text{sen }100^\circ}\right)^2,\ldots,$$

La sucesión de los lados de los octodecágonos estrellados 12/5 correspondientes a los octodecágonos regulares anidados es:

$$l\cdot\frac{\text{sen }50^\circ}{\text{sen }10^\circ}, l\cdot\frac{\text{sen }50^\circ}{\text{sen }10^\circ}\cdot\frac{3\cdot\text{sen }40^\circ}{\text{sen }100^\circ}, l\cdot\frac{\text{sen }50^\circ}{\text{sen }10^\circ}\left(\frac{3\cdot\text{sen }40^\circ}{\text{sen }100^\circ}\right)^2,\ldots,$$

Como vemos, se forman progresiones geométricas que describen los ritmos de armonía de cada elemento: radios, lados, etc. Las razones de las progresiones son combinaciones de patrones dinámicos que constituyen enlaces orgánicos (producto o cociente entre ellos); todos son irracionales y están emparentados con razones trigonométricas de ángulos como 10°, 20°, 40°, 80°, 100°, etc., no siendo estos tan frecuentes como 30°, 45°, 60°, etc. En este punto debemos señalar la complejidad que manifiestan los patrones dinámicos en cuanto las cabeceras se van ampliando: hemos pasado de patrones muy conocidos como la proporción áurea, el número de plata, la proporción cordobesa e incluso la proporción segoviana, a patrones con expresiones irracionales complicadas, dados por operaciones con razones trigonométricas difíciles de manejar.

Un proceso similar sería necesario para calcular el lado del octodecágono estrellado 18/7 (imagen derecha de la figura 2.18).

Actividad 1. Elige una iglesia mozárabe o prerrománica y estudia matemáticamente su ábside. Si quieres, puedes elegir alguna de las que componen la figura 2.5 de este capítulo.

Actividad 2. Construye un octodecágono regular con GeoGebra. Posteriormente, construye el octodecágono estrellado 18/7 y calcula el valor del lado de este último en función del lado del primero.

Actividad 3. Calcula las razones trigonométricas de un ángulo de 100° basándote en las de uno de 40°. Como ayuda, recuerda que 100° = 40° + 60°.

CORRALES
2024

Capítulo 3
Rosetones

MAESTRO CONSTRUCTOR

Espero que hayáis disfrutado leyendo sobre la geometría de los ábsides tanto como yo escribiendo sobre ella. Ahora os hablaré de los rosetones, que entrañan unas matemáticas y una geometría sobresaliente que espero saberos transmitir. Pero permitidme primero seguir contándoos más sobre mi oficio como maestro constructor y sobre mi gremio. En él, desde el principio, adoptamos la estrella pitagórica como el símbolo que mejor nos representaba. Fue el distintivo de los pitagóricos a los que servía para reconocerse y también ha sido, y es, en algunos de nosotros, nuestra seña de identidad como herederos de aquellos. El pentágono y la estrella pentagonal (pitagórica) contienen al número divino en diversidad de relaciones entre los segmentos que allí se forman, lo que Euclides en los *Elementos* denominaba la "división en media y extrema razón". Más adelante os hablaré con profusión de sus proporciones y vosotros mismos podréis indagar en su misteriosa belleza.

En mi trabajo en iglesias y catedrales siempre he tratado de imaginarlas como un libro en un doble sentido; primero, como una forma de que los iletrados pudiesen leer y entender la catedral como una Biblia en piedra, y segundo, como una forma de que las futuras generaciones puedan comprender el pensamiento y los sueños de los que las construimos.

Como maestro constructor me he sentido elegido para una labor abrumadora. He tenido que dirigir la obra y coordinar el trabajo de cientos de personas, he planificado de principio a fin cada uno de los miles de detalles, he puesto la piedra fundacional en las cabeceras y he concluido mis obras con la piedra angular o clave de bóveda. Algunas veces he asumido la corrección de las esculturas antes de su colocación en las fachadas. He sido ingeniero, escultor y matemático. Soy un experto en el tratamiento de la piedra, la cal, la madera y la arena. Desde que empecé, he pertenecido a la agrupación de constructores de catedrales y en ella aprendí no solo las técnicas más modernas, sino por qué se hacían así las cosas. Entendí la catedral en su conjunto, su significado interior.

Quizá lo que más me ha definido ha sido mi amor por la piedra, junto con la luz, el alma de las catedrales góticas. ¡Cuántas veces habré ido a las canteras de Hontoria, en la provincia de Burgos, allí donde nació la Catedral, y seleccionado las mejoras vetas! En la propia cantera, organizaba la extracción y su transporte hasta las logias de canteros a pie de obra. Después de cincelados, los albañiles, con mis indicaciones, colocaban los sillares en el lugar correspondiente. ¡Qué inmenso trabajo! Miles y miles de bloques de piedra convertidos en sillares, dovelas, capiteles... Y después las esculturas, muchas de ellas a tamaño natural. En la catedral de Burgos he llegado a contar más de 700. Aunque podría extenderme también en el valioso trabajo de los carpinteros, quiero dedicar estas líneas a los vidrieros y a su magnífico esfuerzo artesanal.

Los vitrales

Las vidrieras que hoy realizamos en mi taller son la conclusión de la concepción original del abad Suger cuando pensó la primera catedral gótica en Saint-Denis (siglo XII). Dios se presenta como la luz perfecta y en muchas de las vidrieras aparecen los santos, mujeres y hombres a los que Dios eligió por sus buenas y bellas obras. Ellos son luz para el pueblo. Y de esta manera todos estamos llamados a salir de la oscuridad y ser luz para el mundo. El abad Suger a la entrada de su templo nos lo recuerda: "Quien quiera que seas, si pretendes rendir honor a estas puertas no admires el oro ni el gasto, sino el trabajo y el arte. La obra noble brilla con la nobleza; que sirva para iluminar los espíritus y los conduzca por medio de las luces verdaderas a la verdadera luz, de la cual Cristo es la verdadera puerta".

La luz es una constante en todos los libros bíblicos, la luz que nos abre al verdadero conocimiento, al que yo he aspirado toda mi vida, que nos muestra todo y nos saca de las tinieblas. La luz como símbolo de lo trascendente, de lo sagrado y lo divino. Y las vidrieras son un medio excelente para acercarse al arte medieval y a la simbología de la luz en las catedrales. Con ellas los maestros queremos emocionar a todo aquel que las contemple. Y os puedo asegurar que han tenido mucho éxito, pues no han dejado de replicarse desde hace más de tres siglos.

Por supuesto que las vidrieras sirven para cerrar los vanos, pero para mí, como constructor, tienen el valor de transformar la luz exterior natural en una luz interior llena de color y calidez, cambiante y expresiva, y, por supuesto, contienen programas iconográficos muy relevantes y sugerentes.

Muy pocos son capaces de hacer el trabajo de los vidrieros, que requiere de una gran técnica y esmero para que los vidrios salgan del horno sin impurezas. Se forman a partir de la arena de sílice y sus colores se consiguen mediante la mezcla con óxidos metálicos: para el amarillo, cadmio; para el azul, el cobalto, etc. Se fabrican grandes bloques que después son cortados convenientemente según el diseño del vitral. Estos fragmentos son montados en unas guías de plomo, así que el vidriero también debe ser un experto en el manejo de este metal. Una vidriera puede estar compuesta por cientos de piezas, por lo que se necesita una buena planificación para que todas ellas encajen en el puzle a la perfección. Cuando la vidriera se termina, por fin puede entrar la luz e iluminar a los hombres, cobra vida y se establece la comunicación esperada entre el cielo y la tierra.

El desarrollo de la arquitectura gótica, como ya sabéis, ha hecho posible la construcción de iglesias y catedrales cada vez más luminosas con grandes rosetones y ventanales. Un buen ejemplo es la catedral de León donde, al igual que en Chartres, se han representado en las vidrieras las artes liberales con alegorías de la aritmética y la geometría. En la primera aparecen representados unos monjes haciendo cálculos y en la segunda, una mujer porta la escuadra con su nombre.

Los rosetones

Y termino esta introducción con un acercamiento a los rosetones, esas ventanas circulares caladas con tracerías, algunas de ellas cubiertas por vidrios de colores, que quizá son una de las aportaciones más relevantes para acercarnos a la idea de eternidad y a ese Dios luz, cuya presencia queremos transmitir en nuestras catedrales.

En ellos todo está milimétricamente pensado: su orientación, altura, diseño, así como el cromatismo y los efectos que produciría en el interior... Su circularidad, está asociada a Dios, porque el círculo siempre se ha considerado la figura geométrica de la perfección.

Los constructores nos hemos sentido enormemente atraídos al girar los ángulos adecuados o, en algunos casos, haciendo determinadas simetrías, para que los rosetones, aparentemente, permanezcan invariantes. Y ese permanecer, muy presente también en los deseos del hombre, hace que consciente o inconscientemente nos unamos a él.

También por medio de los rosetones se consigue el dominio de la luz, ya que estos permiten ser atravesados por ella, pero a la vez la transforman y moldean con las formas de su trazado interior y por sus vidrios multicolores.

Yo mismo he contemplado el rosetón del Sarmental en Burgos, uno de los más antiguos de España y que contiene las vidrieras más antiguas de la catedral, ejecutado con una calidad artística inmejorable. En algunos vidrios se utilizó una técnica para obtener el color *rojo rubí* de Burgos. El rojo y el azul se mezclan así en el interior del brazo sur de la catedral provocando un ambiente único.

3.1. Tipos de rosetones

¿Cuántos tipos de rosetones hay? ¿Qué proporciones rigen cada uno de ellos? ¿Cómo se relacionan sus elementos? Estas cuestiones son las que vamos a tratar de explicar para profundizar en la belleza de los rosetones.

3.1.1. Rosetones trilobulados

El rosetón trilobulado, trebolado o de tres pétalos lo analizaremos a partir del ejemplo que encontramos en la galería meridional del claustro de la catedral de Pamplona (imagen izquierda de la figura 3.1), junto con un modelo geométrico (imagen derecha de la figura 3.1), que nos va a facilitar su estudio. Este claustro, inspirado por el gótico francés llamado *radiante*, se construyó entre 1280 y 1330 con una gran calidad.

En cada una de las arcadas aparecen cuatro pequeños rosetones trilobulados, dos tetralobulados y, dentro de un óculo mayor, tres triángulos de Reuleaux con tres rosetones trebolados en su interior.

FIGURA 3.1

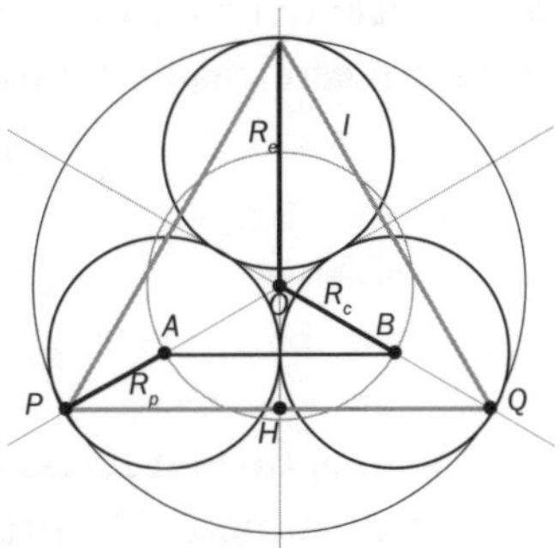

Fuente: Elaboración propia.

Para su construcción, como vemos en el modelo, partimos de un triángulo equilátero, con su circunferencia circunscrita, de radio R_e (radio exterior). Tenemos también la circunferencia que pasa por los centros de los pétalos, de radio R_c. Por último, las circunferencias que dan lugar a los pétalos, de radio R_p, que son tangentes entre sí. Vamos a calcular la relación que hay entre estos radios.

En primer lugar, observando la imagen derecha de la figura 3.1, vemos que:

$$R_e = R_p + R_c$$

Calculemos ahora la relación entre R_e y R_p. Para ello, nos fijaremos en el triángulo equilátero, donde se cumple que el centro de su circunferencia, el circuncentro, coincide con el baricentro (punto de corte de las medianas), con el ortocentro (punto de corte de las alturas) y con el incentro (punto de corte de las bisectrices). Sabemos que este punto tiene la propiedad de dividir las medianas en dos partes de manera que la distancia desde cualquier vértice hasta el baricentro es 2/3 de la longitud de la mediana (en este caso, también, altura, mediatriz, etc.).

En nuestro caso tenemos que la relación buscada es:

$$\frac{R_c}{R_e} = 4 - 2\sqrt{3} = \left(\frac{\sqrt{2}}{s}\right)^2 = \frac{2}{s^2}$$

siendo $s = 1/\sqrt{2-\sqrt{3}}$ la proporción segoviana de la que hablaremos en el capítulo 5.

Otra relación interesante es la razón entre el lado del polígono base del rosetón y el radio de su circunferencia circunscrita. En este caso tenemos:

$$R_e = \frac{2}{3}h = \frac{2}{3}\frac{\sqrt{3}}{2}l = \frac{\sqrt{3}}{3}l$$

Por tanto:

$$\frac{l}{R_e} = \sqrt{3}$$

Vemos que en todas las relaciones encontradas aparece el patrón dinámico $\sqrt{3}$, propio del triángulo equilátero, combinado con otros números enteros.

Para terminar, hay que recordar que un rosetón trilobulado es un grupo diedral de Leonardo de orden 3, pues tiene tres ejes de simetría (las mediatrices del triángulo) y tres giros (de centro el punto central del rosetón) que dejan invariante la figura (de amplitudes 120°, 240° y 360°).

3.1.2. Rosetones tetralobulados

En estos dos rosetones los tetralóbulos tienen un lugar destacado. El primero (imagen izquierda de la figura 3.2) pertenece a la catedral de Ávila, del siglo XII y posteriores. Situado en el lado sur, está formado por un gran óculo central con siete circunferencias tangentes entre sí, que contienen, cada una de ellas, un rosetón tetralobulado.

FIGURA 3.2

Fuente: Wikimedia Commons.

El segundo (imagen derecha de la figura 3.2) es el rosetón de la iglesia-fortaleza de San Saturnino de Artajona (Navarra), que empezó a construirse en el siglo XIII y es de estilo gótico. Es similar al ya citado de Ávila, con seis circunferencias formando una estructura hexagonal y una central e interior. Dentro de cada una de estas circunferencias, excepto en la central donde hay un hexalóbulo, encontramos rosetones tetralobulados. En la parte más exterior aparecen unas tracerías con sendas mitades de tetralóbulos.

La figura 3.3 es el modelo matemático que nos servirá para el estudio de las relaciones entre los distintos radios, como ya hemos visto en los trilóbulos.

La figura base de este rosetón es el cuadrado y, en el modelo matemático:

$$R_e = \overline{EA} = \overline{AF}$$

FIGURA 3.3

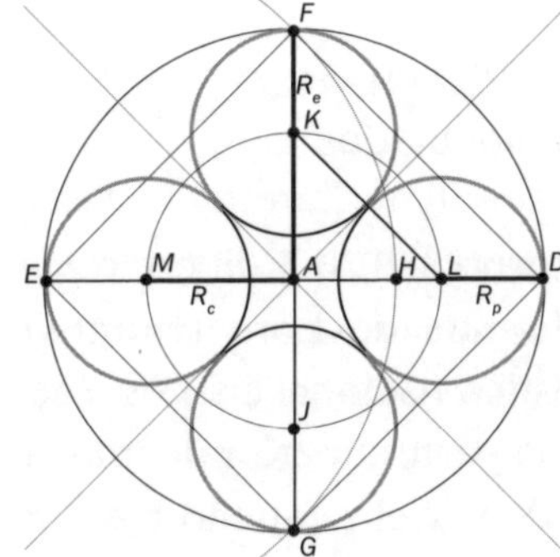

Fuente: Elaboración propia.

Haciendo los cálculos pertinentes, obtenemos las relaciones entre los distintos radios:

$$R_c = \sqrt{2}\,R_p \text{ o } \frac{R_c}{R_p} = \sqrt{2}$$

$$R_p = \frac{R_e}{\sqrt{2}+1} = (\sqrt{2}-1)R_e \rightarrow \frac{R_p}{R_e} = \sqrt{2}-1$$

$$\frac{R_c}{R_e} = \sqrt{2}(\sqrt{2}-1) = \frac{\sqrt{2}}{\theta}$$

donde $\theta = 1 + \sqrt{2}$ es el número de plata.

Por último, la razón entre el lado del polígono base y el radio de la circunferencia circunscrita es:

$$\frac{\overline{EF}}{\overline{AF}} = \frac{\sqrt{2}\,R_e}{R_e} = \sqrt{2}$$

De esta forma, en las relaciones entre los radios aparece el patrón dinámico $\sqrt{2}$, relacionado con la diagonal del cuadrado, y $\sqrt{2}-1$ que es el inverso del número de plata, $\sqrt{2}+1$. Además, en la relación entre R_e y R_c, estos aparecen combinados en un cociente, lo que podemos considerar un *enlace orgánico* entre esos dos patrones.

Para concluir este apartado, se debe recordar que un rosetón tetralobulado es un grupo diedral de Leonardo de orden 4, pues tiene cuatro ejes de simetría (las diagonales del cuadrado y las rectas que pasan por los puntos medios de lados opuestos) y cuatro giros que dejan invariante la figura (cuyo centro se encuentra en el centro del cuadrado y cuya amplitud es de 90º, 180º, 270º y 360º).

3.1.3. Rosetones pentalobulados

La iglesia de San Juan se fundó en torno al 1200, de estilo gótico primitivo, y está situada en Miranda de Ebro (Burgos). Declarada monumento histórico-artístico nacional en 1982, actualmente se encuentra en ruinas. En la parte superior de uno de los ventanales de la cabecera se puede ver el pequeño rosetón pentalobulado y dos arquillos trebolados (figura 3.4).

Figura 3.4

Fuente: Wikipedia.

No es este el más frecuente de los rosetones, pero vamos a estudiarlo y ver las relaciones que surgen en él.

FIGURA 3.5

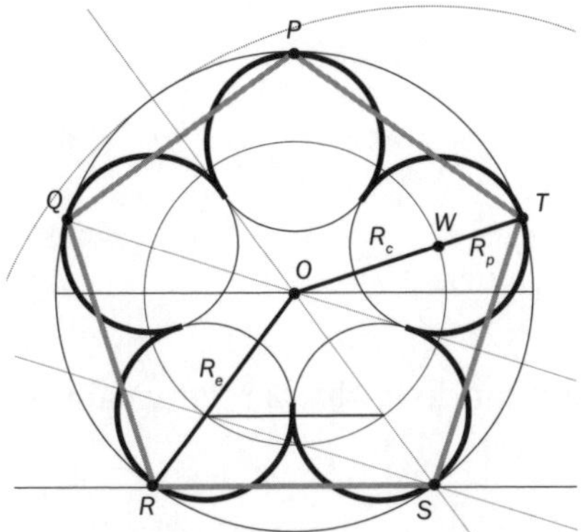

Fuente: Elaboración propia.

En primer lugar, vamos a mostrar la relación entre el lado del pentágono base y el radio de la circunferencia circunscrita al polígono. En la figura 3.5 podemos ver el modelo geométrico.

Y partimos, en segundo lugar, de la figura 3.6, en la que el lado del pentágono es $\overline{BC} = l$ y $\overline{AB} = R_e$ es el radio de la circunferencia circunscrita. En el triángulo isósceles *ABC*, sus ángulos son:

$$\widehat{A} = \frac{360^\circ}{5} = 72^\circ$$

$$\widehat{B} = \widehat{C} = 54^\circ$$

Y en el triángulo isósceles *BED*, que es un triángulo áureo o sublime, los ángulos son:

$$\widehat{B} = \frac{108^\circ}{3} = 36^\circ$$

$$\widehat{D} = \widehat{E} = 72^\circ$$

(el ángulo interior del pentágono regular mide 108°).

FIGURA 3.6

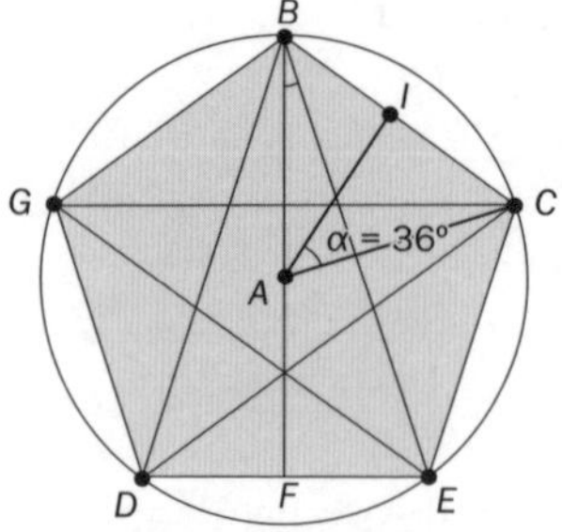

Fuente: Elaboración propia.

En el triángulo *ABC*, considerando la altura relativa al vértice *A*, tenemos:

$$\text{sen } 36^\circ = \frac{l/2}{R_e}$$

Por tanto

$$\frac{l}{R_e} = 2 \cdot \text{sen } 36^\circ$$

Por otro lado, en el triángulo *BEF*, triángulo áureo o sublime, obtenido al trazar la mediana relativa al vértice *B* en el triángulo áureo *BED*, tenemos que $\widehat{B} = 18^\circ$ y podemos expresarlo así:

$$\text{sen } 18^\circ = \frac{l/2}{l \cdot \Phi} = \frac{1}{2 \cdot \Phi}$$

Hemos tenido en cuenta la relación entre la diagonal y el lado de pentágono, lados desiguales de un triángulo áureo, siendo Φ el número de oro[4].

Con este valor, podemos calcular el coseno de 18° usando la ecuación fundamental de la trigonometría:

$$\cos 18^\circ = \sqrt{1 - \text{sen}^2 18^\circ} = \sqrt{1 - \frac{1}{4 \cdot \Phi^2}} = \sqrt{\frac{4 \cdot \Phi^2 - 1}{4 \cdot \Phi^2}}$$

4. Demostrado en el apartado 2.2.2.3 del capítulo 2 de este libro.

Por otra parte, utilizando las fórmulas del ángulo doble, tenemos:

$$\text{sen } 36° = 2 \cdot \text{sen } 18° \cdot \cos 18°$$

$$\text{sen } 36^{\circ} = 2 \cdot \frac{1}{2 \cdot \Phi} \cdot \sqrt{\frac{4 \cdot \Phi^2 - 1}{4 \cdot \Phi^2}} = \frac{1}{\Phi} \cdot \sqrt{\frac{4 \cdot \Phi^2 - 1}{4 \cdot \Phi^2}} = \frac{1}{2 \cdot \Phi^2} \cdot \sqrt{4 \cdot \Phi^2 - 1}$$

Por tanto:

$$\frac{l}{R_e} = 2 \cdot \text{sen } 36^{\circ} = \frac{2}{2 \cdot \Phi^2} \cdot \sqrt{4 \cdot \Phi^2 - 1} = \frac{1}{\Phi^2} \cdot \sqrt{4 \cdot \Phi^2 - 1}$$

Utilizando productos notables, habituales, y las propiedades del número de oro, lo podemos transformar así:

$$4 \cdot \Phi^2 - 1 = (2\Phi + 1)(2\Phi - 1) = (\Phi + \Phi + 1)(\Phi + \Phi - 1) = (\Phi + \Phi^2)\left(\Phi + \frac{1}{\Phi}\right)$$

($\Phi + 1 = \Phi^2$ y $\Phi - 1 = 1/\Phi$ son propiedades del número de oro al ser solución de la ecuación $x^2 - x - 1 = 0$).

Como también $\Phi + \Phi^2 = \Phi^3$ y $\Phi + 1/\Phi = (\Phi^2 + 1)/\Phi$, se puede expresar que:

$$(\Phi + \Phi^2)\left(\Phi + \frac{1}{\Phi}\right) = \Phi^2(\Phi^2 + 1)$$

Luego:

$$\frac{l}{R_e} = \sqrt{\frac{4 \cdot \Phi^2 - 1}{\Phi^4}} = \sqrt{\frac{\Phi^2(\Phi^2 + 1)}{\Phi^4}} = \sqrt{\frac{\Phi^2 + 1}{\Phi^2}}$$

que era la relación que buscábamos.

Un rosetón pentalobulado tiene estructura de grupo diedral o de Leonardo, porque tiene cinco ejes de simetría (rectas que pasan por un vértice y el punto medio del lado más alejado) y cinco giros que dejan invariante la figura (cuyo centro se encuentra en el centro del pentágono y cuya amplitud es de 72°, 144°, 216°, 288° y 360°). La operación de grupo es la composición de movimientos.

3.1.4. Rosetones heptalobulados

El rosetón heptalobulado es un caso singular entre los rosetones más sencillos. En este rosetón y en los siguientes que veremos el modelo geométrico está construido de forma diferente a los anteriores.

Los vértices del heptágono regular base son los centros de los siete pétalos y, por tanto, la circunferencia circunscrita al polígono es la de los centros con radio R_c. Esto no ocurre en las construcciones de los tri-, tetra- y pentalóbulos que hemos visto, donde esta circunferencia es interior al polígono base.

Observemos los rosetones que aparecen en el claustro del monasterio de Iranzu (figura 3.7), en Navarra, cerca de Estella. De origen cisterciense, su construcción comienza en el siglo XII. Tras décadas en ruinas, con la restauración de 1942 se puede admirar, hoy en día, en muy buen estado de conservación.

FIGURA 3.7

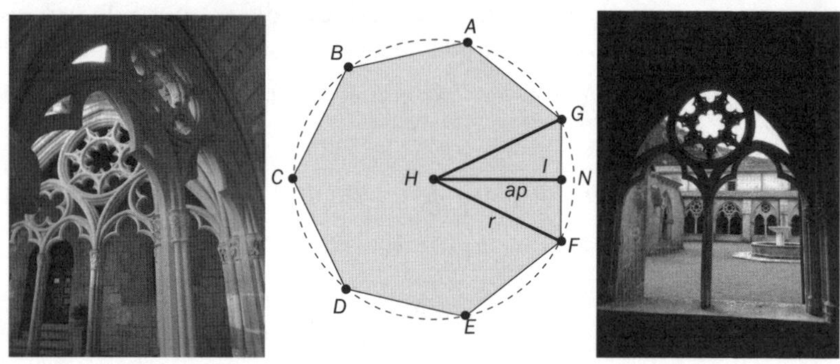

Fuente: Cortesía de los autores.

Para el estudio del heptalóbulo, primero nos fijaremos en el heptágono regular, como el del modelo geométrico de la imagen central de la figura 3.7, buscando los patrones dinámicos de armonía que subyacen en él. Para ello calcularemos la razón entre el radio $\overline{HF} = R_c = r_7$ y el lado $\overline{GF} = l_7$ del heptágono:

$$\frac{\overline{HF}}{\overline{GF}} = \frac{r_7}{l_7}$$

Como podemos ver en la imagen central de la figura 3.7, el triángulo *HGF* es isósceles y sus ángulos son:

$$\widehat{H} = \frac{2 \cdot \pi}{7} \text{rad y } \widehat{G} = \widehat{F} = \frac{5 \cdot \pi}{14} \text{rad}$$

Fijándonos en el triángulo *HFN*, vamos a relacionar el radio con el lado:

$$\operatorname{sen}\left(\frac{\widehat{H}}{2}\right) = \operatorname{sen}\frac{\pi}{7} = \frac{\overline{NF}}{\overline{HF}} = \frac{l_7/2}{r_7} = \frac{l_7}{2 \cdot r_7}$$

Despejando la razón que buscamos, obtenemos:

$$\frac{r_7}{l_7} = \frac{1}{2 \cdot \operatorname{sen}\frac{\pi}{7}}$$

Por otra parte, en el modelo de la figura 3.8, vamos a partir de un heptágono regular con su circunferencia circunscrita de radio $R_c = \overline{HF}$ (circunferencia que pasa por los centros de los pétalos), y a su alrededor los 7 lóbulos o pétalos cuyos radios son $R_p = \overline{FQ}$, y, por último, la circunferencia exterior que contiene la totalidad del rosetón, de radio $R_e = \overline{HQ}$.

Figura 3.8

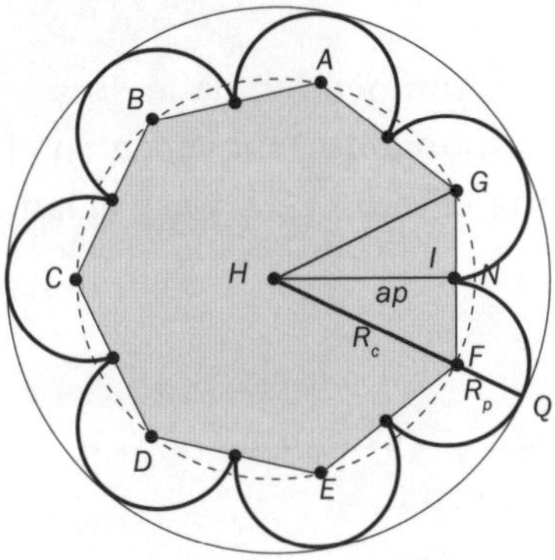

Fuente: Elaboración propia.

En primer lugar, observando el modelo geométrico, vemos una primera relación:

$$R_e = R_p + R_c$$

Calculemos ahora la relación entre R_c y R_p.

En la figura 3.8 podemos ver que $l_7/2 = R_p$ y también:

$$ap = r_7 \cdot \operatorname{sen}\left(\frac{5\pi}{14}\right) = R_c \cdot \operatorname{sen}\left(\frac{5\pi}{14}\right)$$

En el triángulo rectángulo *HNF* de la figura 3.8, aplicamos el teorema de Pitágoras:

$$R_c^2 = R_c^2 \cdot \operatorname{sen}^2\left(\frac{5\pi}{14}\right) + R_p^2$$

Despejando tenemos:

$$R_c^2 - R_c^2 \cdot \operatorname{sen}^2\left(\frac{5\pi}{14}\right) = R_p^2 \rightarrow R_c^2\left(1 - \operatorname{sen}^2\left(\frac{5\pi}{14}\right)\right) = R_p^2$$

$$R_c^2 \cdot \cos^2\left(\frac{5\pi}{14}\right) = R_p^2 \rightarrow R_c^2 \cdot \operatorname{sen}^2\left(\frac{\pi}{7}\right) = R_p^2 \text{ ya que } \frac{5\pi}{14} + \frac{\pi}{7} = \frac{\pi}{2}$$

$$R_p = \sqrt{R_c^2 \cdot \operatorname{sen}^2\left(\frac{\pi}{7}\right)} = R_c \cdot \operatorname{sen}\left(\frac{\pi}{7}\right)$$

Veamos ahora la relación entre R_c y R_e.

Como $R_e = R_p + R_c$, entonces:

$$R_e = R_c \cdot \operatorname{sen}\left(\frac{\pi}{7}\right) + R_c = R_c\left(1 + \operatorname{sen}\left(\frac{\pi}{7}\right)\right)$$

3.1.5. Rosetones octolobulados

Antes de entrar en el estudio del rosetón octolobulado, buscaremos los patrones dinámicos de armonía que subyacen en él. Para ello calcularemos la razón entre el radio $\overline{QH} = r_8$ y el lado $\overline{AH} = l_8$ del octógono:

$$\frac{\overline{QH}}{\overline{AH}} = \frac{r_8}{l_8}$$

Como podemos ver en la imagen de la figura 3.9, el triángulo AQH es isósceles y sus ángulos son:

$$\widehat{Q} = \frac{2\pi}{8} \text{rad} = 45^\circ \text{ y } \widehat{A} = \widehat{H} = \frac{3\pi}{8} \text{rad} = 67,5^\circ$$

Figura 3.9

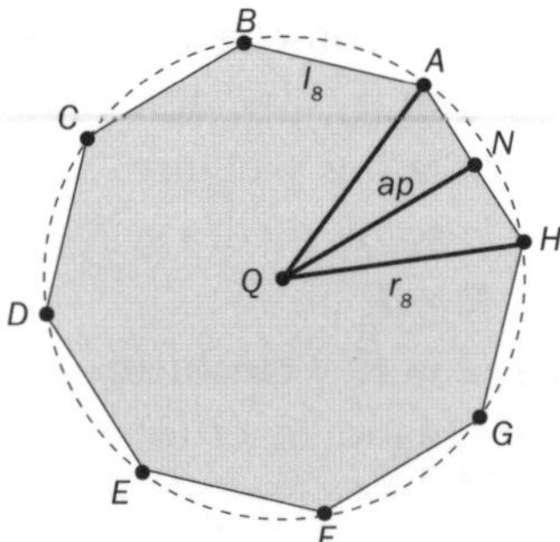

Fuente: Elaboración propia.

Con estos datos y fijándonos en la figura 2.6 y en el proceso ya realizado en el apartado 2.2.2.1, llegamos a:

$$\frac{r_8}{l_8} = \frac{1}{\sqrt{2-\sqrt{2}}} = c$$

Es decir, que la razón entre el radio de la circunferencia circunscrita al octógono regular y el lado de este es *c*, el número cordobés.

Veamos algunos ejemplos.

FIGURA 3.10

Fuente: Wikimedia Commons.

Fuente: Adaptada de Wikimedia Commons.

La ermita de Santa Coloma situada en Albendiego (Guadalajara) que vemos en la figura 3.10, de estilo románico, data del siglo XII y fue declarada como bien de interés cultural en 1965.

En la imagen izquierda de la figura 3.10 vemos algunas de las celosías con inspiración mudéjar, elementos arquitectónicos decorativos utilizados para cerrar vanos, que dificultan ser visto pero permiten ver y dejan pasar la luz y el aire. Son enrejados con listones delgados, en este caso de piedra, y muy excepcionales en el románico.

En la imagen derecha de la misma figura vemos una de las celosías con un rosetón central octolobulado, inscrito en un octógono estrellado 8/3 de lado $\overline{DJ}$. La celosía se complementa con un polígono estrellado 16/5, totalmente oculto excepto por la aparición de ocho de sus puntas. De todo ello, resulta una configuración hexadecagonal compleja y muy bella, inscrita en la circunferencia exterior.

Figura 3.11

Fuente: Wikipedia.

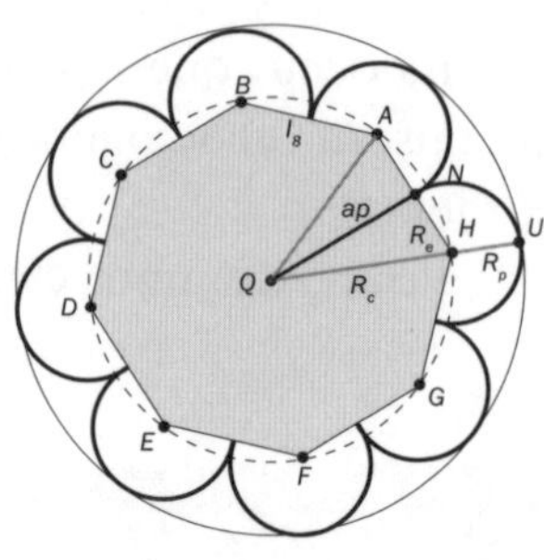

Fuente: Elaboración propia.

En la imagen izquierda de la figura 3.11 vemos otro ejemplo de rosetón octolobulado situado en la fachada sur de la iglesia de San Juan Bautista (denominada también iglesia de San Juan de Puerta Nueva), localizada en Zamora y de estilo románico. Construida a mediados del siglo XII, en 1961 fue declarada monumento histórico.

En el modelo geométrico de la imagen derecha de la figura 3.11, partimos de un octógono regular con su circunferencia circunscrita de radio $R_c = \overline{QH}$ (circunferencia que pasa por los centros de los pétalos), a su alrededor los ocho lóbulos o pétalos de radio $R_p = \overline{HU}$ y, por último, la circunferencia exterior que contiene la totalidad del modelo de radio $R_e = \overline{QU}$. Como en otras ocasiones, podemos buscar las relaciones entre los distintos radios.

La relación entre R_c y R_p es:

$$\frac{R_c}{R_p} = \frac{2}{\sqrt{2-\sqrt{2}}} = 2c$$

Como $R_e = R_p + R_c$, utilizando la expresión anterior tenemos:

$$R_e = R_p + 2cR_p = R_p(1+2c) \text{ y } \frac{R_e}{R_p} = 1 + 2c$$

Y, por último, si queremos buscar la relación entre R_e y R_c tendremos que utilizar las dos expresiones anteriores, llegando a:

$$\frac{R_c}{R_e} = \frac{2c}{1+2c}$$

Actividad 1. Podemos construir rosetones trilobulados a partir de un triángulo equilátero de muchas formas:

FIGURA 3.12

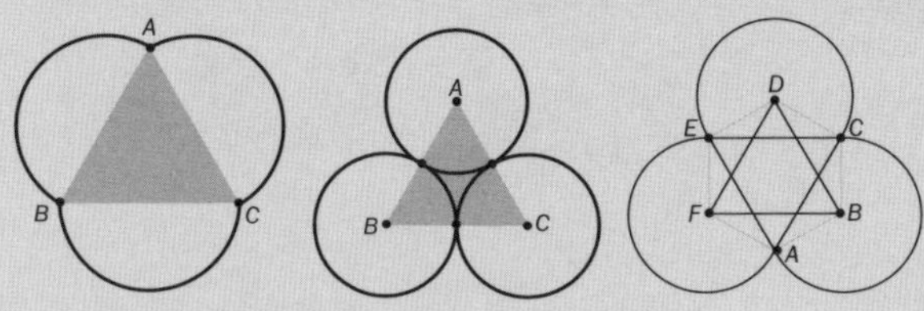

Fuente: Elaboración propia.

¿Podrías indicar cómo hemos construido cada uno de ellos?
Haciendo los cálculos necesarios, ¿por cuál de los tres rosetones entra más luz?

Actividad 2. Basándote en la tarea anterior, construye con GeoGebra todos los rosetones tetralobulados a partir de un cuadrado.

Actividad 3. A partir del pentágono podemos construir rosetones pentalobulados. Te mostramos un ejemplo:

FIGURA 3.13

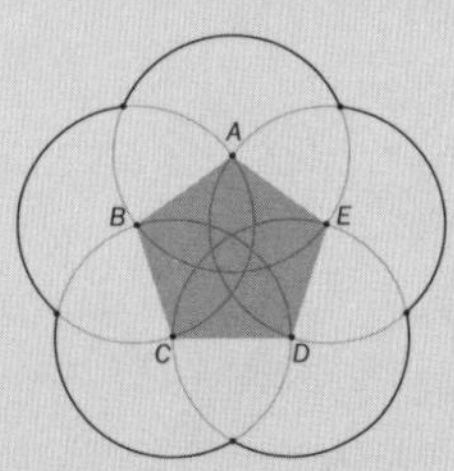

Fuente: Elaboración propia.

¿Serías capaz de construir los rosetones pentalobulados restantes?

CORRALES
2024

Capítulo 4
Cimborrios

Maestro constructor

Mi formación fue a pie de obra, manchándome las manos. "Caementarius", así me llaman, por toda la relación que he mantenido con el oficio de los canteros y la industria de la piedra. He trabajado diseñando planos y también ejerciendo como maestro cantero y de obras, buscando soluciones en todo el proceso constructivo. Y siempre he estado al lado de los obreros cortando piedra o lo que fuera menester.

Los canteros tienen la costumbre, desde hace siglos, de dejar firmada su obra y por eso aparecen las marcas propias de cada maestro de la piedra en los sillares. Mi familia y yo también hemos adoptado nuestra señal identificadora, nuestra firma personal, un signo de la calidad de nuestro trabajo reconocido en todos los reinos cristianos. Hemos adoptado una forma donde se entrelaza una escuadra y un compás, acompañadas de una V, inicial de nuestro apellido, Velasco.

Estas marcas no hay que confundirlas con otras que solo indican la procedencia de la piedra o dan indicaciones para el montaje y la colocación precisa de los sillares. Estas últimas las catalogamos en marcas de asiento, de aparejamiento, de posición, de altura y de espesor.

En marzo de 1539 colapsó el cimborrio de la catedral de Burgos, diseñado por el gran Juan de Colonia. Hacía décadas que aparecieron problemas estructurales y grietas que se fueron reparando con una gran inversión. Miles de maravedíes se han ido al traste, nada parece que haya sido suficiente y, al final, los fuertes vientos que acosaron la ciudad, junto con otras causas de tipo estructural, acabaron con la esbelta aguja octogonal.

Los cimborrios, que han evolucionado mucho los últimos siglos, constituyen el verdadero corazón de una catedral. En los templos, con planta de cruz, se levantan en el crucero, en la intersección entre la nave principal y el transepto y permiten la iluminación y la ventilación del interior. Quisiera destacaros la abadía de Saint-Denis, pues en el crucero de este lugar, bajo el cimborrio, es donde se establecieron los relicarios de los santos, adornados con oro y piedras preciosas.

Los cimborrios surgieron, entre otras razones, por una cuestión práctica, como una manera de sortear las limahoyas[5] en el encuentro de las cubiertas de igual altura. Ya desde el prerrománico se venían buscando soluciones. Sabéis que las limahoyas han sido siempre un problema y que muchos edificios empiezan en ellas su degradación. Un nido de un pájaro o una teja movida pueden llevar el agua a rincones no deseados donde se acumule la humedad. El cimborrio es una solución técnica y aporta una belleza inigualable.

En mis viajes fuera de la península no he encontrado muchos cimborrios, pues parece que son un elemento protagonista en la arquitectura hispánica. Aquí los hemos construido buscando regularidades geométricas y normalmente son de planta cuadrada u octogonal que descansan sobre pechinas[6], trompas[7] o arcos torales[8]. Sus muros verticales están calados por ventanales que aportan luz y aplacan su pesadez. Con el tiempo se han vuelto cada vez más complejos y se han convertido en auténticas torres rematadas por pináculos, chapiteles o audaces flechas, como la que se cayó en la catedral de Burgos. A su vez han ido ganando importancia, siendo uno de los elementos centrales en el perfil de las catedrales. Cada día alcanzan mayor altura y compiten incluso con las torres de las portadas y campanarios.

Podéis imaginar que estos trabajos a gran altura necesitan de andamios, escaleras, cabestrantes y grúas asombrosas capaces de subir las piedras. Son tan importantes que reciben nombres específicos: *la grulla, la ardilla*, etc. Yo mismo he diseñado un sistema con poleas y ruedas para minimizar el esfuerzo en esta hercúlea tarea.

5. En la figura 4.1 se verá su significado.
6. La pechina permite el paso de una planta cuadrada a una bóveda circular.
7. Resuelven el paso de una planta cuadrada a una bóveda octogonal.
8. Cada uno de los cuatro arcos sobre los que descansa una bóveda.

Los carpinteros tienen un papel muy destacado en muchas tareas de apoyo en la construcción de edificios. A ellos les debemos los andamios de madera, las escaleras y los corredores que permiten el acceso a medida que se avanza en la obra. También están detrás de las plataformas sustentadas en las almojayas que se apoyan en los orificios del muro y de los armazones y cimbras que sostienen los arcos y las bóvedas hasta que se endurece el mortero de cal. Vaya todo mi reconocimiento por su dedicación tan profesional.

4.1. Orígenes

Nos detendremos en el estudio matemático de algunos cimborrios muy singulares. Primero en los prerrománicos, como el de Santa Comba de Bande; después en los románicos, como el de la catedral de Zamora, perteneciente al grupo de los llamados cimborrios leoneses (con influencias bizantinas), para terminar con los góticos como el de la catedral de Valencia.

La palabra cimborrio, según Wikipedia: "Es una voz adaptada del latín eclesiástico *cibor̆ium*, formada a partir del griego *kibôreon* (*κιβώριον*) (fruto del nenúfar de Egipto que servía para hacer copas). En la Antigüedad, griegos y romanos usaban ese tipo de copas para beber".

Por otra parte, Street (1926: 554) escribe: "Conjunto de linterna o tambor y de cúpula con que se suele cubrir el tramo central del crucero. [...]. Suele escribirse también *cimborio*, pero siendo lo más probable que se derive de *cimorro* (aumentativo anticuado de *cima*) creo preferible escribirlo con *rr*; así lo escribió Simón García en su *Arquitectura y simetría de los templos*, y así se ve en otros autores y documentos antiguos".

Por último, el portal de internet Glosarioarquitectonico.com ofrece el siguiente significado de la palabra cimborrio:

Construcción cilíndrica, dodecagonal, octogonal o cuadrada con forma de torre, que en una iglesia apea [se asienta] sobre los arcos torales del crucero. Unas veces ejerce de cúpula, aun sin serlo, y otras la soporta, en vistosa competencia volumétrica. También puede fungir [desempeña la función] de tambor, y en este caso su alzada es más reducida. Grandes vanos, ventanas simples o ventanales suelen aliviar su pesantez, al tiempo que dejan pasar la luz al interior del crucero, por lo que también se denominan lucernario [...]. Recorriendo su perímetro interior puede haber un estrecho corredor o ándito para labores de limpieza y mantenimiento. Cuando el cimborrio no da paso a una cúpula, una bóveda acorde con su estilo se encarga de su cubrimiento. El cimborrio gótico suele ir rematado al exterior por agujas, chapiteles o pináculos.

Como vemos, hay diferencias claras sobre el origen de la palabra y diferencias de matiz en lo que se refiere a su significado. Por el contrario, hay unanimidad en que el cimborrio se sitúa en el crucero o intersección entre las naves principal y transversal o transepto, que son perpendiculares entre sí.

En cuanto a su origen, el cimborrio, como elemento de los templos, surge por razones variadas, unas de índole religioso y otras de carácter técnico: es una forma elegante de dar iluminación a la parte central del templo, enriquece el escenario de la zona de culto cercana al altar mayor, donde se sitúan los fieles (Gudín Lorenzo, 2022: 3) y, por último, es una de las posibles soluciones al problema de la unión de dos naves perpendiculares (Sobrino, 2005: 1019). Las primeras iglesias, de planta rectangular (también las de planta basilical) y con el tejado a dos aguas (figura 4.1.A), se fueron haciendo más complejas, debido a la aparición de una segunda nave, perpendicular a la primera, y que conjuntamente configuraban la planta con forma de cruz (figura 4.1.B). En este contexto surgen las limahoyas (figura 4.1.B), líneas que acumulan el agua de la unión de dos faldones de la cubierta y la dirigen hacia el alero, canalón o suelo. Esta acumulación de agua, si surge alguna obstrucción en el camino de desagüe, era una fuente de humedades y problemas para el edificio. Por contraposición, las limatesas (figura 4.1.B) en vez de acumularla, distribuyen el agua entre los dos faldones que confluyen en ella.

Figura 4.1

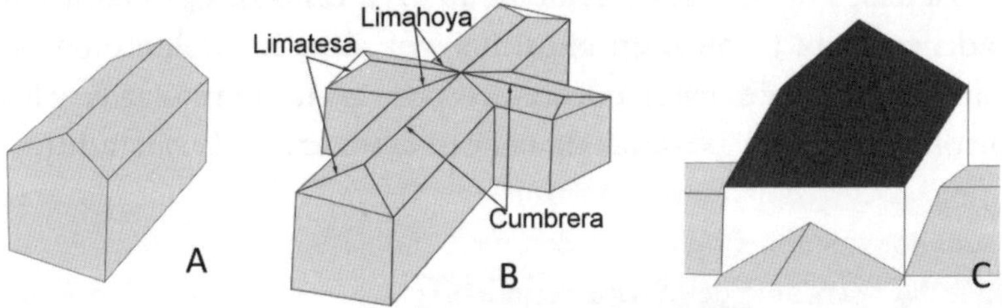

Fuente: Elaboración propia.

Como podemos observar en la figura 4.1.C, el cimborrio, que se sitúa en el crucero, no genera limahoyas en las confluencias entre los faldones o paños de la cubierta.

4.2. Cimborrios prerrománicos

Los primeros cimborrios, que se conservan en la actualidad, se encuentran en templos visigóticos, desarrollados habitualmente en volúmenes prismáticos de base cuadrada y, exteriormente, terminados en pirámides de base cuadrada. En cuanto a su interior, destacan las vistas de las cubiertas, que solían ser de distintos tipos; Ibáñez y Alonso (2016: 116) plantean tres tipos de cubiertas interiores en esa época: de arista (intersección de dos semicilindros perpendiculares y de igual radio), semiesféricas y vaídas o de pañuelo (una semiesfera cortada por cuatro planos perpendiculares al ecuador y paralelos dos a dos). A continuación, presentaremos algunos ejemplos representativos.

4.2.1. Santa Lucía del Trampal de Alcuéscar: cubiertas de madera

En primer lugar, nos fijaremos en la basílica de Santa Lucía del Trampal, en la localidad cacereña de Alcuéscar. Sus orígenes se sitúan entre los siglos VII (si se considera visigoda) y VIII (si se consideran las influencias mozárabes). Como podemos ver en la figura 4.2, su cabecera tiene tres capillas rectangulares, no adosadas, sino separadas, que se abren a un transepto configurado en siete tramos; en ellos, los tres situados delante de las capillas absidiales están coronados por sendos cimborrios, y los otros cuatro, por bóvedas de cañón sobre arcos de herradura.

FIGURA 4.2

Fuente: Wikipedia.

La figura 4.3 nos muestra dos imágenes del interior: la primera es del cimborrio central, de planta cuadrada y cuya cubierta no tiene un origen claro, unas fuentes plantean que era de ladrillo y otras de madera, como aparece en la actualidad, aunque no sea la original; la segunda imagen es de uno de los dos cimborrios laterales; en él se pueden apreciar, además de la cubierta de madera, el arco de herradura y el ventanal.

FIGURA 4.3

Fuente: Cortesía de los autores.

Las cubiertas de madera son pirámides, como hemos comentado anteriormente, y en ellas nos vamos a fijar para profundizar en estos cimborrios primitivos.

Consideraremos la imagen izquierda de la figura 4.4, que responde al modelo geométrico del crucero, situado justo debajo de la cubierta de madera: es un paralelepípedo de base cuadrada, siendo el lado de esta última $\overline{CF} = l$ y la altura $\overline{EF} = h$.

FIGURA 4.4

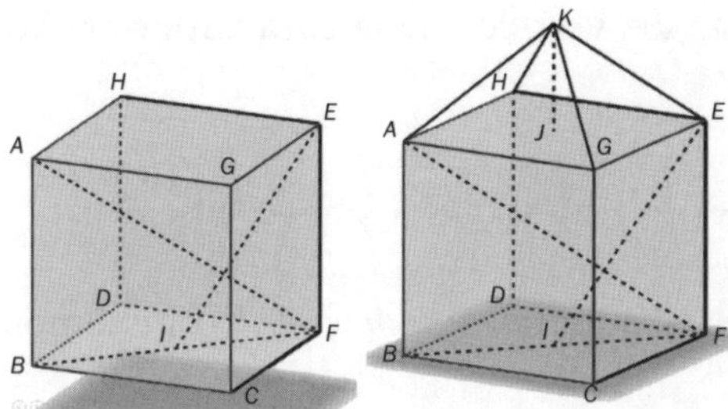

Fuente: Elaboración propia.

Con estos parámetros podemos obtener, mediante cálculos elementales, las proporciones que rigen las distintas distancias:

- La diagonal $\overline{BF}$ de la base nos permite encontrar el primer patrón dinámico:

$$\frac{\overline{BF}}{\overline{CF}} = \frac{l \cdot \sqrt{2}}{l} = \sqrt{2}$$

- Por otra parte, con la diagonal $\overline{AF}$ del paralelepípedo tenemos que:

$$\frac{\overline{AF}}{\overline{CF}} = \frac{\sqrt{2 \cdot l^2 + h^2}}{l}$$

- En el caso de que se verifique que $h = l$, el prisma es un cubo, y entonces:

$$\frac{\overline{AF}}{\overline{CF}} = \frac{\sqrt{2 \cdot l^2 + h^2}}{l} = \frac{\sqrt{2 \cdot l^2 + l^2}}{l} = \sqrt{3}$$

- En general, si suponemos que $h = n \cdot l$, siendo $n \in N$, tenemos:

$$\frac{\overline{AF}}{\overline{CF}} = \frac{\sqrt{2 \cdot l^2 + n^2 \cdot l^2}}{l} = \frac{l \cdot \sqrt{2 + n^2}}{l} = \sqrt{2 + n^2}$$

Dando valores a $n \in N$, obtenemos una sucesión de patrones subyacentes para las proporciones de la diagonal del prisma, respecto del lado de la base:

$$\sqrt{3}, \sqrt{6}, \sqrt{11}, ..., \sqrt{2+n^2}, ...,$$

Otra distancia interesante es $\overline{IE}$, la distancia desde el centro de la base hasta uno de los vértices de la cara superior. Su valor es el siguiente:

$$\overline{IE} = \sqrt{h^2 + \overline{IF}^2} = \sqrt{h^2 + \left(\frac{l \cdot \sqrt{2}}{2}\right)^2} = \sqrt{h^2 + \frac{l^2}{2}} = \sqrt{\frac{2 \cdot h^2 + l^2}{2}}$$

Haciendo como antes, al suponer que $h = n \cdot l$, obtenemos que:

$$\frac{\overline{IE}}{\overline{CF}} = \frac{\sqrt{\frac{2 \cdot n^2 \cdot l^2 + l^2}{2}}}{l} = \sqrt{\frac{2 \cdot n^2 + 1}{2}}$$

Y dando valores a $n \in N$, obtenemos la sucesión de patrones que pueden regir las proporciones de $\overline{IE}$ respecto de $\overline{CF}$:

$$\sqrt{\frac{3}{2}}, \frac{3}{\sqrt{2}}, \sqrt{\frac{19}{2}}, ..., \sqrt{\frac{2 \cdot n^2 + 1}{2}}, ...,$$

Vayamos ahora a la imagen derecha de la figura 4.4, que completa el recinto del crucero con la cubierta en forma de pirámide de base cuadrada. Para su estudio calcularemos la razón entre la arista lateral, $\overline{GK}$, de la pirámide y el lado de la base, $\overline{GE} = l$, tomando también como parámetro la altura de la pirámide $\overline{JK} = \rho$.

Como $\overline{JK}^2 + \overline{GJ}^2 = \overline{GK}^2$ sustituyendo obtenemos:

$$\rho^2 + \left(\frac{l \cdot \sqrt{2}}{2}\right)^2 = \overline{GK}^2$$

Por tanto:

$$\overline{GK} = \sqrt{\rho^2 + \left(\frac{l \cdot \sqrt{2}}{2}\right)^2} = \sqrt{\frac{2 \cdot \rho^2 + l^2}{2}}$$

Si $\overline{GE} = l = \overline{JK} = \rho$, entonces:

$$\frac{\overline{GK}}{\overline{GE}} = \sqrt{\frac{3}{2}}$$

Este patrón, que es un “enlace orgánico” (Ghyka, 1968a: 102) entre los patrones $\sqrt{2}$ y $\sqrt{3}$, ya había aparecido en el estudio de la distancia $\overline{IE}$, que tiene mucha relación con la arista $\overline{GK}$ de las caras laterales de la pirámide que configura la cubierta del cimborrio.

Si consideramos otras relaciones entre los parámetros l y ρ, entonces podemos obtener una sucesión similar a la conseguida más arriba para $\overline{IE}/\overline{CF}$.

4.2.2. Santa Comba de Bande: bóveda de arista

Dejamos Santa Lucía del Trampal y nos fijaremos ahora en Santa Comba de Bande, que puede verse en la figura 4.5. Templo visigodo de la segunda mitad del siglo VIII, situado en la localidad orensana del mismo nombre.

Figura 4.5

Fuente: Wikipedia.

Con planta de cruz griega (imagen derecha de la figura 4.5), está inscrita en un rectángulo de 18 m de largo por 11,9 m de ancho y el ábside es un cuadrado de 4 m de lado, como el crucero. Uno de los elementos más destacados de esta joya prerrománica, por lo que la hemos elegido para mostrar en este capítulo, es el cimborrio, con bóveda de arista construida en ladrillo, como puede verse en la figura 4.6.

Figura 4.6

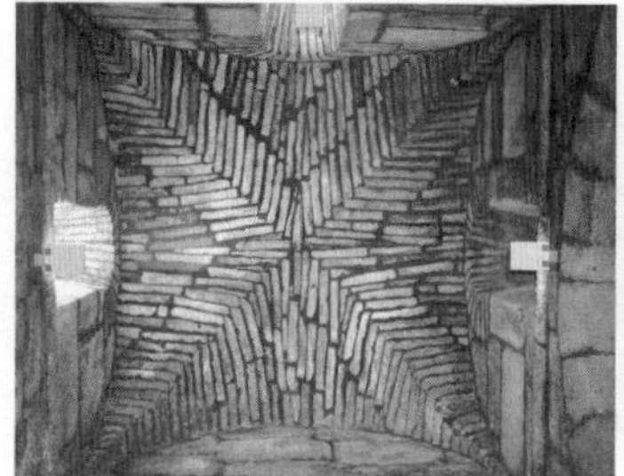

Fuente: Wikipedia.

Este tipo de bóveda, como puede verse en la imagen izquierda de la figura 4.7, es la intersección de dos semicilindros que tienen el mismo radio, *r*, y ejes perpendiculares, típicos de las intersecciones de las bóvedas de cañón. El resultado es una configuración con base cuadrada, *ABCD*, y dos líneas o aristas de forma elíptica, *BED* y *AEC*, perpendiculares entre sí.

Figura 4.7

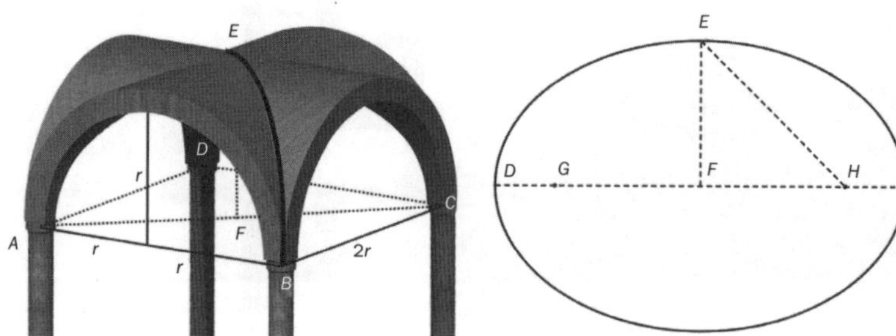

Fuente: Elaboración propia.

La imagen derecha de la figura 4.7 representa la elipse completa de la arista *BED*. Apoyándonos en los datos de la imagen izquierda, podemos calcular algunos elementos característicos de esa elipse: eje mayor, $2 \cdot a$; eje menor, $2 \cdot b$, y excentricidad, *e*; distancia *c* del centro a los focos, *G* y *H*, etc.

$$2 \cdot a = \overline{BD} = 2 \cdot r \cdot \sqrt{2}$$
$$a = \overline{BF} = r \cdot \sqrt{2}$$

$$b = \overline{EF} = r$$

$$c = \overline{FH} = r$$

$$e = \frac{\overline{FH}}{\overline{BF}} = \frac{\sqrt{2}}{2}$$

Por tanto, en este tipo de bóvedas, el triángulo rectángulo *EFH* es isósceles y las razones o proporciones entre las medidas calculadas y el radio de los semicilindros (podríamos tomar el diámetro como unidad de medida, eso queda a elección de cada uno) son:

$$\frac{\overline{BD}}{r} = 2 \cdot \sqrt{2} \text{ y } \frac{\overline{BF}}{r} = \sqrt{2}$$

Queda clara la presencia del patrón dinámico $\sqrt{2}$ en diversas formas, llegando hasta la excentricidad

$$e = \frac{\overline{FH}}{\overline{BF}} = \frac{\sqrt{2}}{2}$$

en la que también aparece.

4.2.3. Santa María de Melque: bóveda vaída o de pañuelo

Para concluir el estudio de algunos cimborrios primitivos, presentaremos un ejemplo de cimborrio con cubierta de bóveda vaída o de pañuelo. Sobre este tipo de bóveda, podemos leer en Wikipedia:

> La bóveda baída o vaída (denominada también bóveda de pañuelo) es un tipo de bóveda que resulta de seccionar un hemisferio con cuatro planos verticales cuyas trazas en planta corresponden al cuadrado inscrito en la circunferencia base de dicho hemisferio. Recibe también el nombre popular de "bóveda de pañuelo" por su parecido con la forma inversa a la que adquiere un pañuelo mojado colgando de sus vértices.

Puede verse un modelo en la figura 4.9.

El ejemplo al que nos referimos es la iglesia de Santa María de Melque, de la primera mitad del siglo VIII, situada en el municipio de San Martín de Montalbán, provincia de Toledo.

En la figura 4.8 podemos ver una imagen del templo y otra de su planta, cruciforme. Como complemento de la información, hay que señalar que las naves tienen bóvedas de cañón y el ábside se corona con una bóveda de horno (de 1/4 de esfera).

Figura 4.8

Fuente: Wikipedia.

Fuente: Elaboración propia.

En la figura 4.9 aparece la imagen de la bóveda del cimborrio, vaída, junto con el modelo geométrico que hemos elaborado para profundizar en su estudio. Tenemos una semiesfera de radio $\overline{OA} = r$, la circunferencia máxima, de centro el punto O y el cuadrado $ABCD$, obtenido por la intersección de los cuatro planos verticales con el círculo del ecuador de la esfera. También tenemos el segmento $\overline{OF}$, que representa la distancia desde el centro a uno cualquiera de los planos perpendiculares; el $\overline{FG}$, que es la altura del semicasquete esférico generado por el plano perpendicular al cortar a la semiesfera, y el $\overline{AF}$, que es el radio de la circunferencia base del semicasquete.

Figura 4.9

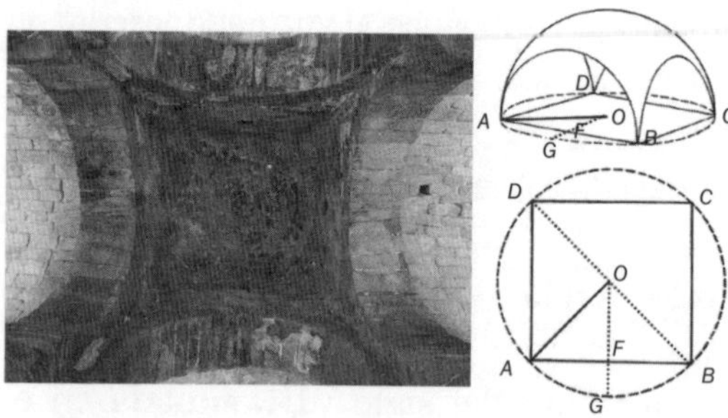

Fuente: Wikipedia.

Como el triángulo rectángulo OAB es isósceles, pues $\overline{OA} = \overline{OB} = r$, tenemos que $\overline{AB} = r \cdot \sqrt{2}$. Análogamente, como el triángulo OAF también es isósceles, se cumple que:

$$\overline{OF} = \overline{AF} = \frac{r}{\sqrt{2}} = \frac{r \cdot \sqrt{2}}{2}$$

Por tanto, tenemos el valor del radio $\overline{AF}$ de la circunferencia base del semicasquete esférico, en función del radio de la semiesfera. Calcularemos ahora $\overline{FG}$, la altura del semicasquete:

$$\overline{FG} = \overline{OG} - \overline{OF} = r - \frac{r}{\sqrt{2}} = \frac{r \cdot (\sqrt{2} - 1)}{\sqrt{2}}$$

Como $\sqrt{2} - 1 = 1/\theta$, siendo $\theta = 1 + \sqrt{2}$ el número de plata, podemos expresar:

$$\overline{FG} = \frac{r}{\sqrt{2} \cdot \theta}$$

También podemos calcular las razones entre estas distancias y el radio de la semiesfera $\overline{OA} = r$. Obtenemos los siguientes resultados:

$$\frac{\overline{OF}}{\overline{OA}} = \frac{\sqrt{2}}{2}; \frac{\overline{FG}}{\overline{OA}} = \frac{1}{\sqrt{2} \cdot \theta}$$

Con los datos calculados, podemos averiguar el área del semicasquete polar, así como la proporción entre el área de la superficie de la semiesfera y la del semicasquete:

Por un lado, el área del semicasquete, es:

$$A_{sc} = \frac{2 \cdot r \cdot \pi \cdot h}{2} = r \cdot \pi \cdot h$$

Siendo h su altura, en nuestro caso:

$$h = \overline{FG} = \frac{r}{\sqrt{2} \cdot \theta}$$

Por tanto:

$$A_{sc} = r \cdot \pi \cdot \frac{r}{\sqrt{2} \cdot \theta} = \frac{r^2 \cdot \pi \cdot \sqrt{2}}{2 \cdot \theta}$$

Como el área de la superficie semiesférica es $A_s = 2 \cdot \pi \cdot r^2$, la razón buscada es:

$$\frac{A_s}{A_{sc}} = \frac{2 \cdot \pi \cdot r^2}{\frac{r^2 \cdot \pi \cdot \sqrt{2}}{2 \cdot \theta}} = \frac{4 \cdot \theta}{\sqrt{2}} = 2 \cdot \sqrt{2} \cdot \theta = 2 \cdot (2 + \sqrt{2}) = 2 \cdot (1 + \theta)$$

También se podría calcular la proporción entre los volúmenes de la semiesfera y el semicasquete. No lo hacemos para no alargar excesivamente el estudio.

Como podemos ver en todos los resultados, la presencia del patrón $\sqrt{2}$ es constante en diversas concreciones: $\sqrt{2}/2$, así como en el número de plata y su inverso.

4.3. Cimborrios románicos

Los cimborrios son muy abundantes en iglesias y catedrales románicas, por lo que se hace difícil elegir algún ejemplo para ilustrar la presencia de las matemáticas en ellos. A tal fin, hemos elegido dos paradigmáticos para los entendidos en arte: el de la iglesia de San Martín de Tours en Frómista (Palencia) y el de la catedral de Zamora. Posteriormente, haremos un pequeño comentario sobre las influencias mudéjares de algunos cimborrios de esta época.

4.3.1. San Martín de Tours, de Frómista: cuadrado, octógono, círculo

Centrándonos en San Martín de Tours (figura 4.10), se trata de una construcción de la segunda mitad del siglo XI, en pleno camino de Santiago, y está considerada, a nivel europeo, como prototipo de las iglesias románicas. De ahí nuestro interés en presentarla en estas páginas. Fue declarada monumento nacional en 1894.

Figura 4.10

Fuente: Wikipedia.

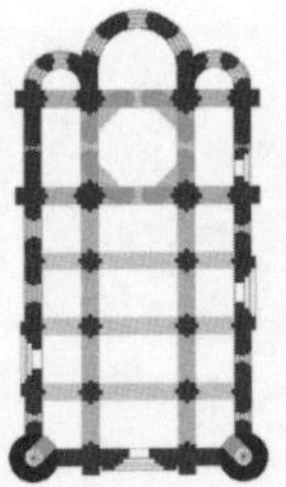

Fuente: Elaboración propia.

En la imagen derecha de la figura 4.10 se puede ver la planta, que consta de tres naves, siendo la central el doble de ancha que las otras dos. El transepto es de la misma anchura que la nave central, dando lugar, en el crucero, a un precioso cimborrio, que hace de linterna de iluminación; exteriormente, es un prisma octogonal (imagen izquierda de la figura 4.10), y en el interior (imagen derecha de la figura 4.11) aglutina la forma cuadrada de la base, octogonal en el siguiente tramo y semiesférica en la cúpula que lo corona. Estas singularidades ilustran simbólicamente el paso de lo terrenal (cuadrado) a lo divino (esfera) pasando por una forma que conecta a las dos anteriores (octógono).

El paso del cuadrado al octógono regular se lleva a cabo mediante lo que en geometría sagrada se denomina *corte sagrado* (imagen superior derecha de la figura 4.11). Para ello partimos del cuadrado $IJKL$, de lado l. Con centro en el vértice I y radio $\overline{IO} = l \cdot \sqrt{2}/2$, la mitad de la diagonal del cuadrado, trazamos el arco BOG, que corta al cuadrado en los puntos B y G. Repitiendo el mismo proceso con los vértices restantes del cuadrado, obtenemos los puntos de intersección de los arcos con los lados del cuadrado: A, D, C, F, E y H. Con estos puntos podemos construir el octógono de vértices $ABCDEFGH$. Veamos que es un octógono regular y calculemos su lado en función del homólogo del cuadrado.

FIGURA 4.11

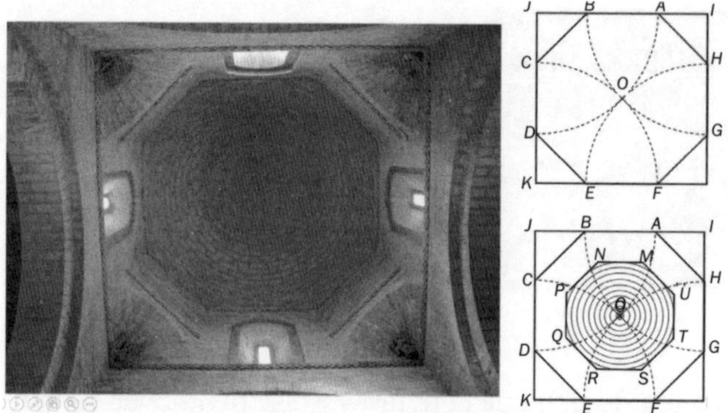

Fuente: Wikipedia. Fuente: Elaboración propia.

Como los triángulos de las esquinas, que son las *trompas* en la construcción real, son rectángulos e isósceles, tenemos que $\overline{AI} = \overline{IH}$; por tanto, $\overline{AH} = \overline{AI} \cdot \sqrt{2}$.

Por otra parte:

$$l = \overline{JA} + \overline{IB} - \overline{AB} = \frac{\sqrt{2}}{2} \cdot l + \frac{\sqrt{2}}{2} \cdot l - \overline{AB} = \sqrt{2} \cdot l - \overline{AB}$$

Despejando $\overline{AB}$, lado del octógono, tenemos:

$$\overline{AB} = l \cdot (\sqrt{2} - 1) = \frac{l}{\theta}$$

Siendo $\theta = 1 + \sqrt{2}$ el número de plata. Por tanto, el lado del octógono es igual al lado del cuadrado, multiplicado por el inverso del número de plata.

Veamos ahora que el octógono es regular; es decir que sus ángulos y sus lados son iguales.

En cuanto a los ángulos, basta con comprobar que uno cualquiera de ellos es de 135°. En el triángulo rectángulo *AIH*, como es isósceles, el ángulo agudo $\widehat{IAH} = 45°$, por tanto, el ángulo $\widehat{BAH}$ del octógono, suplementario del $\widehat{IAH}$, verifica que $\widehat{BAH} = 135°$, con lo que está comprobado que todos los ángulos del octógono son iguales. Para los lados, sabemos que $\overline{AB} = l/\theta$. Veamos que el lado $\overline{BC}$ también mide lo mismo. Tenemos que:

$$l=\overline{JB}+\overline{AI}+\overline{AB}=2\cdot\overline{JB}+\frac{l}{\theta}$$

Despejando $\overline{JB}$, obtenemos:

$$\overline{JB}=\frac{l-\frac{l}{\theta}}{2}=\frac{l\cdot(\theta-1)}{2\cdot\theta}=\frac{l\cdot\sqrt{2}}{2\cdot\theta}$$

Como $\overline{BC}=\overline{JB}\cdot\sqrt{2}$, sustituyendo aquí el valor de $\overline{JB}$, conseguimos que:

$$\overline{BC}=\frac{l\cdot\sqrt{2}}{2\cdot\theta}\cdot\sqrt{2}=\frac{l}{\theta}$$

Por tanto, $\overline{BC}=\overline{AB}$; y el octógono es regular.

Como hemos demostrado, el *corte sagrado* permite pasar del cuadrado al octógono regular de una manera sencilla y elegante. En el estudio, hemos comprobado que el patrón dinámico de armonía que rige las proporciones entre el cuadrado y el octógono es $\sqrt{2}$ en sus expresiones $\sqrt{2}/2$ y $1/\theta=\sqrt{2}-1$, ya que:

$$\frac{\overline{IB}}{l}=\frac{\sqrt{2}}{2}\text{ y }\frac{\overline{AB}}{l}=\frac{1}{\theta}$$

Veamos ahora las relaciones entre el octógono regular y la semiesfera que configura la bóveda del cimborrio. Para ello nos fijaremos en la imagen inferior derecha de la figura 4.11. Aunque en la figura los octógonos *ABCDEFGH* y *MNPQRSTU* son diferentes, en realidad, mirando la imagen izquierda de la figura 4.11 son iguales, pues la diferencia se debe al efecto óptico que aparece al mirar desde dentro el prisma octogonal que da forma al cimborrio (uno representa el octógono de la base y el otro el de la cara superior del prisma). Por tanto, nos centraremos en el octógono regular *MNPQRSTU* de lado $\overline{MN}=l/\theta$. Para facilitar la lectura, hemos elaborado la figura 4.12, que es un modelo geométrico de la situación; en ella, aparece el octógono regular en la base de la bóveda semiesférica.

Sabemos que el lado del octógono es $\overline{MN}=l/\theta$ y nos vamos a centrar en el triángulo *MNO*, para calcular el radio de la semiesfera de la bóveda:

Figura 4.12

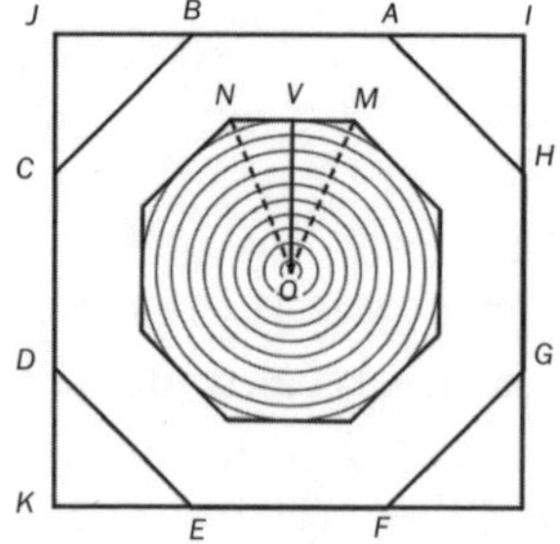

Fuente: elaboración propia.

Como se trata de un octógono regular, se cumple que la razón entre el radio de la circunferencia circunscrita y el lado es la proporción cordobesa, es decir:

$$\frac{\overline{MO}}{\overline{MN}} = c = \frac{1}{\sqrt{2-\sqrt{2}}}$$

Luego:

$$\overline{MO} = \overline{MN} \cdot c = \frac{l}{\theta} \cdot c = \frac{l \cdot c}{\theta}$$

Por tanto, en el triángulo rectángulo MVO podemos calcular $\overline{VO}$, radio de la semiesfera. Aplicando el teorema de Pitágoras, tenemos:

$$\overline{MO}^2 = \overline{MV}^2 + \overline{VO}^2 \rightarrow \overline{VO}^2 = \overline{MO}^2 - \overline{MV}^2 = \frac{l^2 \cdot c^2}{\theta^2} - \frac{l^2}{4} = l^2 \cdot \left(\frac{c^2}{\theta^2} - \frac{1}{4}\right)$$

Sustituyendo c y θ por sus valores y operando en la expresión anterior, llegamos a:

$$\overline{VO}^2 = l^2 \cdot \left(\frac{3}{4} - \frac{\sqrt{2}}{2}\right) \rightarrow \overline{VO} = l \cdot \sqrt{\frac{3}{4} - \frac{\sqrt{2}}{2}} = l \cdot \sqrt{\frac{3-2\cdot\sqrt{2}}{4}} = l \cdot \frac{\sqrt{3-2\cdot\sqrt{2}}}{2}$$

Expresión que podemos escribir también como:

$$\overline{VO} = \frac{l}{2 \cdot \sqrt{3+2\cdot\sqrt{2}}}$$

ya que:

$$\frac{1}{\sqrt{3+2\cdot\sqrt{2}}} = \sqrt{3-2\cdot\sqrt{2}}$$

Por tanto, el radio de la semiesfera y el lado del cuadrado están en la siguiente proporción:

$$\frac{\overline{VO}}{\overline{AB}} = \frac{1}{2 \cdot \sqrt{3 + 2 \cdot \sqrt{2}}}$$

Esta expresión tiene ciertas similitudes con la proporción cordobesa y la proporción segoviana (que desarrollaremos en el capítulo 5) y parece querer generalizarlas, al añadir complejidad con los coeficientes que acompañan a las raíces. También podríamos considerarla como un "enlace orgánico" (Ghyka, 1968a: 102) entre patrones dinámicos, como estudiamos en el capítulo 1, lo que evidencia las fuertes conexiones entre estos patrones en el radio de la semiesfera.

Si reflexionamos en el proceso desde el cuadrado (considerando que su lado es la unidad) a la semiesfera, a través del octógono regular, veremos (tabla 1) que hay una serie de patrones dinámicos que aparecen solos y combinados en distintos momentos y elementos, todos ellos con expresión base en $\sqrt{2}$:

TABLA 1

DIAGONAL DEL CUADRADO	ARCOS DEL CORTE SAGRADO	LADO DEL OCTÓGONO	RADIO/LADO (OCTÓGONO)	RADIO DE SEMIESFERA
$\sqrt{2}$	$\frac{\sqrt{2}}{2}$	$\frac{1}{\theta} = \frac{1}{1 + \sqrt{2}}$	$c = \frac{1}{\sqrt{2 - \sqrt{2}}}$	$\frac{1}{2 \cdot \sqrt{3 + 2 \cdot \sqrt{2}}}$

Fuente: Elaboración propia.

Observando la tabla 1, podemos señalar que el proceso simbólico de unión entre lo terrenal (cuadrado) y lo divino (el círculo y la esfera) se explica matemáticamente por medio de estos números irracionales que, mirados en su conjunto, comienzan a transmitirnos una idea de ritmo arquitectónico, generado por las variaciones y cambios del patrón base $\sqrt{2}$ en las sucesivas concreciones que configuran el conjunto arquitectónico.

4.3.2. Catedral de Zamora: hexadecágono y semiesfera

Para completar el estudio de los cimborrios románicos, nos acercaremos al de la catedral de Zamora, de la segunda mitad del siglo XII. Este es uno de los denominados cimborrios leoneses o del Duero, que incluyen también el de la colegiata de Toro, el de la sala capitular de la catedral vieja de Plasencia y el de la catedral vieja de Salamanca. En la figura 4.13 podemos ver una imagen de la catedral de Zamora, monumento nacional desde 1889, en la que sobresalen la torre campanario y el cimborrio, junto con otra imagen de la planta original del edificio, sin añadidos (claustro, capillas, etc.).

Figura 4.13

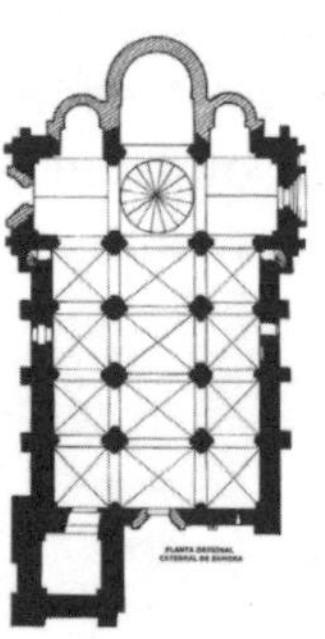

Fuente: Wikipedia.

Centrándonos en el cimborrio, imagen izquierda de la figura 4.14, Torres Balbás (1922: 108) describe sus características: "Difícil es determinar la procedencia de la forma exterior de la cúpula y cupulines de la sede zamorana. Son semiesféricas y algo peraltadas; el aparecer hoy día bulbosas, recordando extrañamente cúpulas turcas y rusas, creémoslo debido a reparos e imperfecciones de la construcción". Interiormente es de planta hexadecagonal, con tambor formado por un nivel de ventanas y una bóveda semiesférica dividida por 16 plementos o paños entre los nervios.

Figura 4.14

Fuente: Wikipedia.

Para el estudio matemático, hemos construido un modelo geométrico de la bóveda, representado en la figura 4.15, suponiendo que es una semiesfera. En primer lugar, calcularemos la razón entre el radio de la circunferencia $\overline{OB} = r$ y el lado del hexadecágono $\overline{AB} = l$, es decir:

$$\frac{\overline{OB}}{\overline{AB}} = \frac{r}{l}$$

Figura 4.15

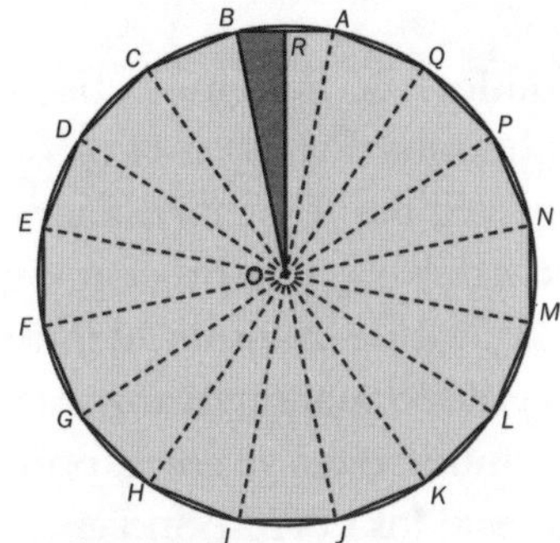

Fuente: Elaboración propia.

Para ello consideraremos el triángulo rectángulo ORB. En él, el ángulo $\widehat{BOR}$ es la mitad del ángulo:

$$\widehat{BOA} = \frac{2\pi}{16} = \frac{\pi}{8}\text{rad} = 22,5^{\circ}$$

Haciendo los cálculos, resulta:

$$\frac{r}{l}=\frac{1}{\sqrt{2-\sqrt{2+\sqrt{2}}}}$$

Como vemos, este patrón tiene cierta similitud con la proporción cordobesa. Ello se debe a las relaciones que tiene con las razones trigonométricas de los ángulos que intervienen. Vamos a visualizarlas en la tabla 2, cuya última columna recoge los valores de la razón entre el radio y el lado de cada polígono.

TABLA 2

POLÍGONO REGULAR	ÁNGULO	SENO	COSENO	r/l
(4 lados)	$\frac{\pi}{4}=\frac{\pi}{2^2}$	$\frac{\sqrt{2}}{2}$	$\frac{\sqrt{2}}{2}$	$\frac{1}{\sqrt{2}}$
(8 lados)	$\frac{\pi}{8}=\frac{\pi}{2^3}$	$\frac{\sqrt{2-\sqrt{2}}}{2}$	$\frac{\sqrt{2+\sqrt{2}}}{2}$	$c=\frac{1}{\sqrt{2-\sqrt{2}}}$
(16 lados)	$\frac{\pi}{16}=\frac{\pi}{2^4}$	$\frac{\sqrt{2-\sqrt{2+\sqrt{2}}}}{2}$	$\frac{\sqrt{2+\sqrt{2+\sqrt{2}}}}{2}$	$\frac{1}{\sqrt{2-\sqrt{2+\sqrt{2}}}}$
(32 lados)	$\frac{\pi}{32}=\frac{\pi}{2^5}$	$\frac{\sqrt{2-\sqrt{2+\sqrt{2+\sqrt{2}}}}}{2}$	$\frac{\sqrt{2+\sqrt{2+\sqrt{2+\sqrt{2}}}}}{2}$	$\frac{1}{\sqrt{2-\sqrt{2+\sqrt{2+\sqrt{2}}}}}$

Fuente: Elaboración propia.

Son sorprendentes las regularidades que podemos observar en los valores de las razones trigonométricas y en la razón *r*/*l*, del radio y el lado de cada polígono regular. De esta manera, hemos enmarcado *c*, la proporción cordobesa, y la proporción obtenida para el cimborrio de la catedral de Zamora, dentro de un proceso abstracto, general y regulado matemáticamente: una sucesión de patrones dinámicos, donde estas se corresponden con unos términos concretos de ella: los correspondientes a polígonos de 8 y 16 lados respectivamente.

Por último, en la bóveda podemos visualizar números tan conocidos como π, ya que la razón entre la longitud de cada uno de los 16 nervios que dividen la superficie semiesférica y el radio es:

$$\frac{\pi\cdot r/2}{r}=\frac{\pi}{2}$$

Es decir, que la longitud de cada nervio es igual al radio multiplicado por la mitad de π; o, dicho de otra manera, el radio cabe $\pi/2$ veces en cada nervio. Esta relación, que es la clave de la definición de radián nos permite ahondar en este concepto desde una perspectiva visual y conectada con la realidad.

Haciendo lo mismo con la circunferencia de la bóveda, base del tambor de la misma, se obtiene:

$$\frac{2 \cdot \pi \cdot r}{r} = 2 \cdot \pi$$

lo que nos permite visualizar el patrón $2 \cdot \pi$ en la bóveda.

4.4. Cimborrios góticos

La evolución del románico al gótico, en lo que se refiere a los cimborrios, consolida las formas poligonales, con el octógono como polígono rey, acompañado de octógonos estrellados, nervios radiales o un sinfín de variedades de pinjantes (motivo ornamental, colgante, situado en la intersección de los nervios de una bóveda, muy utilizado en el gótico flamígero). A la hora de seleccionar los que vamos a estudiar, hemos elegido dos ejemplos paradigmáticos en sus respectivas épocas: el de la catedral de Valencia y el de la de Burgos.

4.4.1. Catedral de Valencia: gótico puro y bóveda de crucería

El cimborrio de la catedral de Valencia es un prisma octogonal estructurado en dos cuerpos: la parte baja, del siglo XIV y autor desconocido, y la superior, del siglo XV, debida a Martín Llobet. En el exterior, en la imagen izquierda de la figura 4.16 podemos ver la cubierta y los grandes arcos y ventanales de las caras laterales. En el interior, en la imagen derecha de la misma figura, vemos el octógono de la base obtenido mediante *corte sagrado* en el cuadrado que forma la planta del recinto. Asimismo, está coronado por una bóveda de crucería con ocho nervios y plementería (en la figura 4.18 se ilustra el significado de esta palabra) de ladrillo.

FIGURA 4.16

Fuente: Wikipedia.

El estudio realizado en el apartado 2.2.2, figura 2.7, junto con el modelo de la figura 4.17, nos permite enumerar varios resultados relativos a este cimborrio:

El triángulo isósceles *ABO* de la figura 4.17 y los demás que tienen un vértice en el punto *O* son triángulos cordobeses, ya que:

$$\frac{\overline{AO}}{\overline{AB}} = \frac{\overline{HO}}{\overline{HA}} = \frac{\overline{GO}}{\overline{GH}} = \frac{\overline{FO}}{\overline{FG}} = \frac{\overline{EO}}{\overline{EF}} = \frac{\overline{DO}}{\overline{DE}} = \frac{\overline{CO}}{\overline{CD}} = \frac{\overline{BO}}{\overline{BC}} = c = \frac{1}{\sqrt{2-\sqrt{2}}}$$

FIGURA 4.17

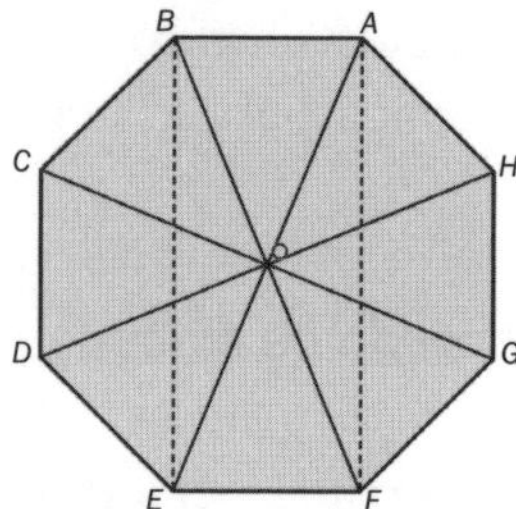

Fuente: Elaboración propia.

Así mismo, en el rectángulo *ABEF* la razón entre sus lados es:

$$\frac{\overline{AF}}{\overline{AB}} = \theta = 1 + \sqrt{2}$$

Por lo tanto, es un rectángulo de plata. Lo mismo ocurre con los rectángulos *ADEH*, *CDGH* y *BCFG*.

En el apartado 4.3.2 (figura 4.6) profundizamos en el estudio de la bóveda de arista; aprovecharemos este cimborrio para analizar matemáticamente las características de la bóveda de crucería, que está presente en la cubierta del cimborrio que estamos estudiando. Para facilitar los cálculos, nos centraremos en una de cuatro nervios, como la de la figura 4.18, en la que el polígono base es el rectángulo (también es habitual con el cuadrado, hexágono, octógono, etc.). En ella se pueden ver los cuatro arcos laterales, que son ojivales, y los dos diagonales, que suelen ser de medio punto. El cimborrio de la catedral de Valencia tiene el octógono regular como polígono base, y el estudio se haría de manera análoga.

FIGURA 4.18

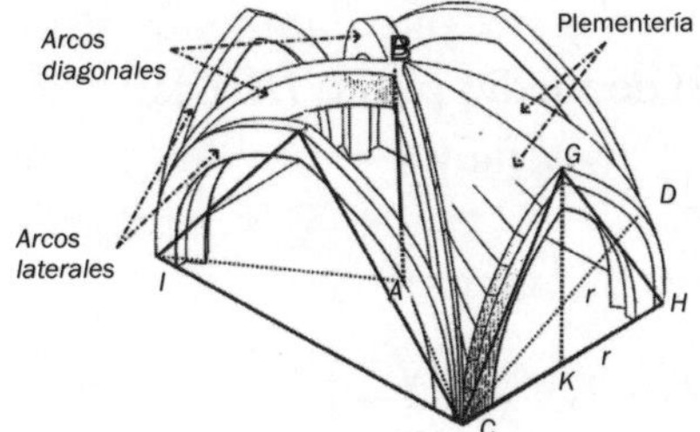

Fuente: Elaboración propia a partir de una imagen de Wikipedia.

Teniendo en cuenta los siguientes supuestos para la imagen que se muestra en la figura 4.18:

- Los lados del rectángulo base son $\overline{CH} = r$, $\overline{CI} = p \cdot r$ con $p \in R$. Cuando $p = 1$, el polígono base resultará ser un cuadrado.
- Los dos arcos laterales paralelos, uno de ellos *CGH*, son ojivales equiláteros; es decir, que el triángulo *CGH* es equilátero. La construcción del arco *CGH* es el resultado de trazar el arco de circunferencia de centro *C* y radio $\overline{CH} = r$ (entre los puntos *H* y *G*), junto con el arco de circunferencia de centro *H* y radio $\overline{HC} = r$ (entre los puntos *C* y *G*).
- Si $p \neq 1$, los otros dos arcos laterales, uno de los cuales es *CFI*, no pueden ser equiláteros, pues si lo fueran, sus alturas no coincidirían con la altura $\overline{GK}$ de los otros dos

arcos laterales. Por tanto, en general, el triángulo *CFI* es isósceles y su altura coincide con $\overline{GK}$.

Obtendremos los siguientes resultados:

Al ser $\overline{GK}$ la altura del triángulo equilátero de lado $\overline{CH} = r$, entonces:

$$\overline{GK} = \frac{r \cdot \sqrt{3}}{2}$$

Como $\overline{AI}$ es el radio de los arcos diagonales, los de medio punto, y también la mitad de la hipotenusa del triángulo rectángulo CHI, aplicando el teorema de Pitágoras, obtenemos que:

$$\overline{AI} = \frac{r \cdot \sqrt{1 + p^2}}{2}$$

Por tanto, el radio del arco de medio punto *IBH* es:

$$\overline{AB} = \overline{AI} = \frac{r \cdot \sqrt{1 + p^2}}{2}$$

Considerando las siguientes distancias:

$$\overline{AB} = \frac{r \cdot \sqrt{1 + p^2}}{2} \text{ y } \overline{GK} = \frac{r \cdot \sqrt{3}}{2}$$

se sabe que, para un grosor dado de la plementería (figura 4.18), si $\overline{AB} > \overline{GK}$, la resistencia de la misma es mayor. La pregunta que surge inmediatamente es, con los supuestos iniciales de la bóveda, ¿para qué valores de p ocurrirá que $\overline{AB} > \overline{GK}$? Demos respuesta a esta cuestión resolviendo la inecuación:

$$\frac{r \cdot \sqrt{1 + p^2}}{2} > \frac{r \cdot \sqrt{3}}{2}$$

Simplificando y operando después, se obtiene que $p > \sqrt{2}$.

Por tanto, si $p > \sqrt{2}$, tenemos asegurado que $\overline{AB} > \overline{GK}$ y la plementería será más resistente.

También podemos deducir de todo lo anterior que, en el caso de que $p = 1$, es decir, que el polígono base sea el cuadrado, entonces:

$$\overline{AB} = \overline{AI} = \frac{r \cdot \sqrt{2}}{2}$$

por lo que los arcos laterales no pueden ser ojivales equiláteros, pues si lo fueran tendríamos que:

$$\overline{GK} = \frac{r \cdot \sqrt{3}}{2} \text{ y } \overline{AB} < \overline{GK}$$

cosa que no ocurre nunca. La conclusión, para este caso, es que los triángulos base de los arcos laterales, como por ejemplo *CHG*, serán isósceles y no equiláteros; es decir, $\overline{CG} = \overline{GH} \neq \overline{CH}$.

Volviendo a la situación inicial (figura 4.18), con $\overline{CH} = r$, $\overline{CI} = p \cdot r$, $p \in R$, otra cuestión interesante que nos plantearemos es la siguiente: en el triángulo isósceles *CFI*, de altura

$$\overline{GK} = \frac{r \cdot \sqrt{3}}{2}$$

¿cuánto mide el ángulo $\alpha = \widehat{IFC}$? Mediante el cálculo de tg $a/2$ y despejando, obtenemos:

$$\alpha = 2 \cdot \text{arc tg}\left(\frac{p}{\sqrt{3}}\right)$$

Reflexionando sobre el estudio llevado a cabo, se evidencia de nuevo la presencia de los patrones dinámicos $\sqrt{2}$, la proporción cordobesa c y el número de plata θ, ligados todos ellos a la forma octogonal, junto con $\sqrt{3}$, asociado al triángulo equilátero.

4.4.2. Catedral de Burgos: confluencia del gótico y el renacimiento

El cimborrio de la catedral de Burgos fue construido por los artistas burgaleses Francisco de Colonia (1470-1542) y Juan de Vallejo (hacia 1500-1569), tras el derrumbe del primitivo en 1539. La mayor parte de las obras fueron llevadas a cabo por el segundo de ellos y culminaron en 1568. El resultado representa, según los expertos en arte, la confluencia del mundo islámico y gótico con las formas renacentistas. Esta calificación está plenamente justificada matemáticamente, ya que en las balconadas de los distintos cuerpos y en los ventanales aparece de manera insistente la proporción áurea, arcos de medio punto, etc. Puede profundizarse en ello en De la Fuente Martínez *et al.* (2021: 291-323). En cuanto a las síntesis del arte islámico y el gótico, vamos a hacerlas explícitas en el estudio de la cubierta.

Figura 4.19

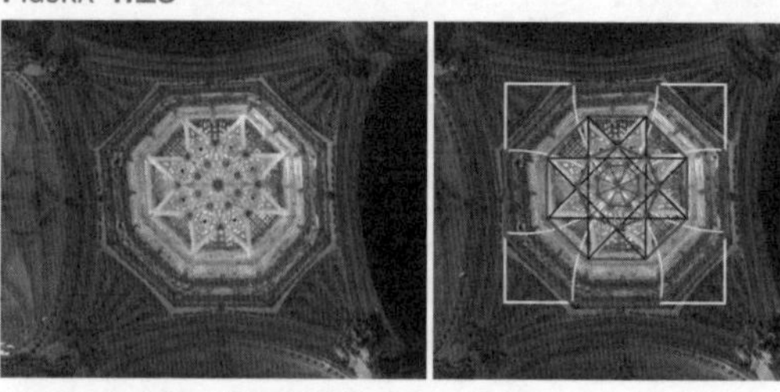

Fuente: Cortesía de los autores.

Exteriormente es un prisma octogonal de 33,25 m de altura, dividido en tres cuerpos más las torrecillas o pináculos que lo coronan. Las imágenes de la figura 4.19 muestran una vista cenital interior, desde el crucero (imagen izquierda), junto con la compleja configuración geométrica (imagen derecha) que subyace en este recinto. La cubierta es una bóveda calada plana que, junto con los ventanales de las caras laterales, permite el paso de la luz, produciéndose un efecto único.

Geométricamente hablando, la base del cimborrio está configurada por el corte sagrado, que permite el paso del cuadrado de la planta del crucero al octógono regular, base del prisma. No profundizaremos en él, pues lo hemos tratado en la figura 4.11 del apartado 4.4.1. La mayor complejidad geométrica aparece en la cubierta, donde, en el octógono regular, se visualizan dos octógonos estrellados 8/3, uno de ellos anidado dentro del otro, para señalar el centro de la figura mediante los ocho radios del octógono más interior.

Esquemáticamente, la cubierta responde a la imagen izquierda de la figura 4.20, que explicaremos apoyándonos en la imagen derecha de la misma figura: en el octógono regular exterior *ABCDEFGH*, base del prisma, se construye un primer octógono estrellado 8/3 de lado $\overline{AD}$ y, desde el octógono regular, $MLNOP_1QRS$, cuyos vértices son las intersecciones de los lados del estrellado, se traza un segundo octógono estrellado de lado $\overline{MO}$.

Las intersecciones de los lados de este segundo octógono estrellado determinan el octógono regular $TUVWZA_1B_1C_1$. En el cimborrio de la catedral de Burgos finaliza este proceso con la proyección, desde cada vértice de este último octógono regular, de sendos radios que confluyen en el centro de la figura. En la imagen derecha de la figura 4.20 hemos seguido avanzando en este proceso iterativo, representando el octógono estrellado 8/3 de lado $\overline{UZ}$, el octógono regular cuyos vértices son los puntos de intersección de los lados del estrellado y así sucesivamente se podría seguir indefinidamente.

Figura 4.20

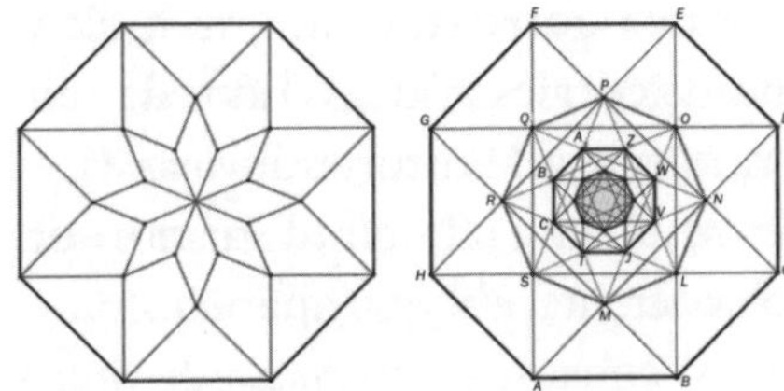

Fuente: Elaboración propia.

Este proceso cambiante, en el que el cimborrio contiene dos pasos, va a permitir, por un lado, que afloren los patrones dinámicos que rigen las proporciones y, por otro, que podamos apreciar cómo van cambiando las dimensiones de las figuras y qué parámetros son invariantes en función de las fases que abordemos del proceso iterativo.

Para no alargar la exposición, presentaremos únicamente los resultados encontrados:

Suponiendo que $\overline{AB} = l$, las longitudes de los lados, $\overline{AB}$, $\overline{ML}$, $\overline{UV}$, ... , de los octógonos regulares forman una progresión geométrica de razón c/θ, y primer término l, siendo c la proporción cordobesa y θ el número de plata:

$$l, l \cdot \frac{c}{\theta}, l \cdot \left(\frac{c}{\theta}\right)^2, l \cdot \left(\frac{c}{\theta}\right)^3, \ldots,$$

Por otra parte, las longitudes de los lados $\overline{AD}$, $\overline{MO}$, $\overline{UZ}$, ... , de los octógonos estrellados 8/3 forman una progresión geométrica de razón c/θ y primer término $l \cdot \theta$:

$$l \cdot \theta, l \cdot c, l \cdot \frac{c^2}{\theta}, \ldots,$$

Si consideramos $l = 1$ como unidad de medida o, dicho de otra manera, si calculamos la proporción entre los lados de los octógonos estrellados y el lado del octógono regular, $\overline{AB} = l$, la progresión anterior queda con los dos patrones como primeros términos:

$$\theta, c, \frac{c^2}{\theta}, \ldots,$$

Estos sorprendentes resultados ilustran, de una manera inequívoca, las conexiones entre la belleza artística y la belleza matemática y refuerzan las ideas de Sylvester sobre la mística de los números, que consideraba sutil y poderosa, ya que recorría y determinaba la contextura de las catedrales góticas. En todas las proporciones se tejía un juego numérico de razones invisibles.

Volviendo a las sucesiones anteriores, la combinación de los dos patrones θ, c en forma de cociente, c/θ, que aparece como un invariante que rige los cambios, constituye un *enlace orgánico* o *concatenación*, que incrementa el carácter dinámico y la belleza estética del conjunto. El *ritmo arquitectónico* de armonía del cimborrio queda caracterizado por esa progresión geométrica y su correspondiente razón. Por último, debemos señalar que la aparición de estos patrones, muy habituales en el arte islámico, explica y justifica matemáticamente las confluencias musulmanas y góticas de este extraordinario cimborrio.

Actividad 1. Cuadrados anidados.
Vamos a fijarnos en la figura 4.21, que generaliza la que aparece en uno de los octógonos estrellados del cimborrio de la catedral de Burgos, formada por cuadrados anidados.

FIGURA 4.21

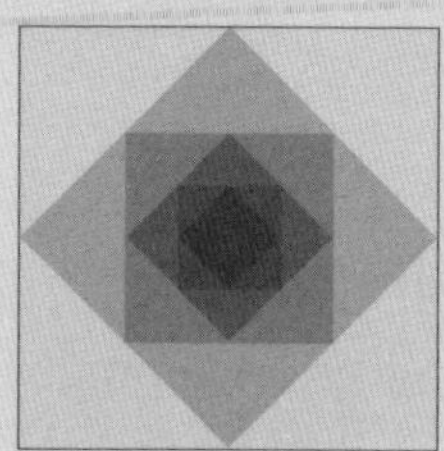

Fuente: Elaboración propia.

1. Construye un modelo, con GeoGebra, que reproduzca la figura.
2. Suponiendo que el lado del cuadrado más grande tiene una longitud *l*, calcula las medidas de los lados de los sucesivos cuadrados encajados.
3. Analiza la sucesión que forman las longitudes de los lados de los sucesivos cuadrados. Comprueba que es una progresión geométrica y calcula sus características: primeros términos y razón.

Esta configuración geométrica ha sido bastante utilizada por artistas a lo largo de la historia. Concretamente, Alberto Durero (1471-1528) (2000: 176) lo utilizó en la construcción de un aparato para dibujar curvas; Hans Schmuttermayer (1881: 67-78) lo califica de muy útil en su libro sobre la construcción de pináculos. Por último, también aparece en el *Códice Atlántico*, de Leonardo da Vinci (1452-1519). En opinión de Durero, está "construida según la justa medida, lo que garantiza una forma agradable, fuerzas y pesos perfectamente adaptados" (2000: 52).

Actividad 2. Comparación de ritmos.
La imagen derecha de la figura 4.22 pertenece a uno de los códices conservados de Leonardo da Vinci. En él se puede observar una de las soluciones que el artista italiano planteaba al problema de ampliar, de manera armoniosa, la planta poligonal de una basílica. Si nos fijamos, podemos apreciar octógonos regulares y estrellados 8/3 como en el modelo geométrico de la imagen izquierda de la figura 4.22.

FIGURA 4.22

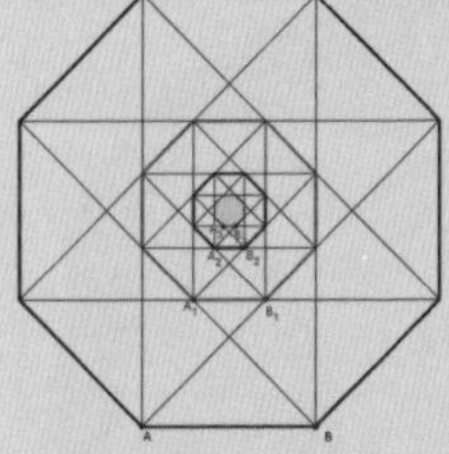

Fuente: Elaboración propia.

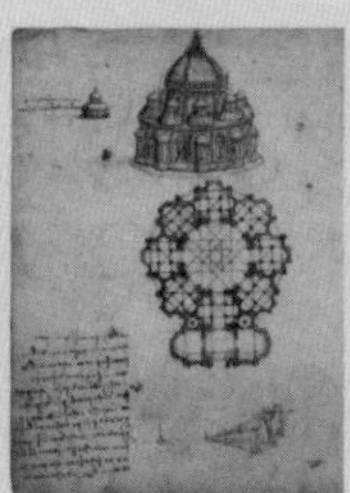

Fuente: Wikipedia.

1. Calcula los lados de los octógonos regulares y analiza la progresión que forman. Haz lo mismo con los octógonos estrellados 8/3.
2. Compara estas progresiones con las que se forman en el cimborrio de la catedral de Burgos. Haz lo mismo con los modelos geométricos de las figuras 4.22 y 4.20 y saca conclusiones sobre el carácter dinámico o estático de cada uno, simplicidad o complejidad y mayor o menor euritmia de la composición.

CORRALES
OCT-2024

Capítulo 5

La proporción segoviana. Singularidades y conexiones

Maestro constructor

Ya os dije al inicio de este libro que nací en Moreruela, no muy lejos de Galicia, y por eso siempre he estado influido por el gremio de los canteros de aquellas tierras que utilizan un idioma propio llamado *latín dos canteiros*. Un lenguaje críptico, con el que siguen transmitiendo su arte en piedra a sus hijos y a los hijos de sus hijos.

Yo también lo aprendí de joven y he procurado que mis descendientes no lo perdieran. Así nos decían los mayores cuando éramos unos jovenzuelos inexpertos:

> Muchacho, para aprender bien el oficio de cantero necesitas saber el idioma en el que se explican las leyes de la talla de la piedra. Cuando salgas solo por el mundo a trabajar como cantero, hablarás con tus camaradas de oficio nuestra lengua, si es que quieres que te estimen y no te traten mal los señores y los maestros. Hombre: no serás ladrón. Hombre: no serás bebedor. Hombre: no serás embustero. Hombre: serás caritativo. Hombre: serás instruido. Hombre: serás veraz. Hombre: serás trabajador.

En muchas asociaciones de canteros se habla este misterioso lenguaje. Ya os he dicho que formamos estructuras muy cerradas, donde los iniciados tienen prohibido el acceso a los más profundos conocimientos. Cantamos y recitamos poemas en esta jerga mientras trabajamos, pero lo principal es comunicarnos entre nosotros sin que otros individuos o gremios puedan entendernos. Tenemos más de 5.000 palabras en nuestro "diccionario", como *morrón* (chico), *daragua* (golpeo de la piedra con el pico de una determinada manera), *xilón* (hombre) y *mourear* (trabajar), y si alguna no existe añadimos prefijos o sufijos para poder entendernos bien. Y, si aún no fuera suficiente, cuando nos acecha algún riesgo golpeamos las piedras con el pico de distintas formas.

Me siento en deuda con mi esposa Ada, que ha trabajado siempre junto a mí con gran entusiasmo y perfección. Ha sido una gran escultora. En esta época de la historia las mujeres no lo tienen fácil, pero ella fue una gran luchadora y ha dejado su impronta en cientos de esculturas repartidas por todo el país. A las futuras generaciones les queda descubrir y valorar su anónimo trabajo y el de otras mujeres, siempre con el martillo en una mano y el cincel en la otra.

Para concluir, vamos a ahondar, matemáticamente, en algunos elementos que para mí son muy singulares dentro del patrimonio artístico.

Empezaremos por la iglesia de la Vera Cruz, en Segovia, que tiene en su planta al número 12 como protagonista. Levantada por los templarios en el año 1208 a imitación del Santo Sepulcro de Jerusalén, es, sin duda, con esa planta dodecagonal, una de las iglesias más peculiares del románico español. Aparece, de esta forma, radiante el dodecágono dando lugar a una nueva proporción que he decidido llamar *segoviana, que es el inverso de la raíz del resultado de quitar la raíz de 3 a 2.*

¡No se había visto nunca nada igual! ¡Qué sorpresa! Esta relación era totalmente desconocida en mi gremio, yo la he usado en algunos de los trazados reguladores de mis obras.

El espacio se configura como un polígono de 12 lados que contiene polígonos estrellados. Se forman así en su interior unos ritmos de armonía que tienen que ver con la proporción segoviana y con la raíz de 2, enlazadas las dos orgánicamente. Por eso este lugar resulta tan bello.

Destacaré también la conexión rítmica entre los rosetones de la catedral de Palma de Mallorca, el de la fachada principal de la catedral de Burgos y el de la occidental de la catedral de León. La proporción segoviana y las estrellas de David o hexagramas son el nexo que une estos rosetones, aparentemente tan distintos aportando unidad en la diversidad.

Antes del cristianismo, el lugar dedicado a Dios era oscuro y en penumbra, el pueblo siempre estaba distanciado del sacerdote. El cristianismo, la religión del amor fraterno, aportó lugares amplios que con los siglos se han ido llenando de luminosidad. Espero que yo también, llegando al final, os haya sabido transmitir mi bello oficio y aportado algo de luz. He querido dejar constancia de algunas de nuestras prácticas y exponer la matemática y la geometría que he utilizado para alcanzar la perfección en las construcciones. He deseado que sea así para que en el futuro tengáis algunas claves que os ayuden a entender mi vida y mi obra. Ojalá alcancéis, de esta manera, la transparencia que yo tanto he anhelado.

5.1. Algunos elementos singulares

Vamos a dedicar este capítulo final a profundizar matemáticamente en algunos elementos que, desde nuestro punto de vista, son casi únicos o muy singulares dentro del panorama artístico.

5.1.1. Planta de la iglesia de la Vera Cruz de Segovia: la proporción segoviana

La iglesia de la Vera Cruz (imagen izquierda de la figura 5.1) está situada en el barrio de San Marcos de la ciudad de Segovia. Antiguamente conocida como la iglesia del Santo Sepulcro, se ubica en la ladera que conduce a la localidad de Zamarramala, de la que fue iglesia parroquial. La construcción es de estilo románico y fue declarada monumento nacional en 1919. Su principal característica es que tiene una sola nave dodecagonal que rodea un templete, o edículo, de dos plantas. La nave se completó con tres ábsides, uno central y dos laterales, y una torre a modo de campanario.

FIGURA 5.1

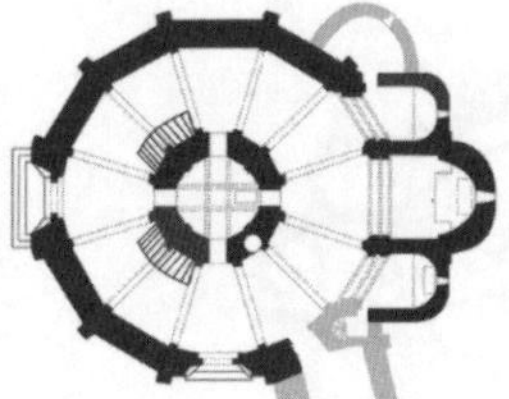

Fuente: Carlos Delgado.

La imagen derecha de la figura 5.1 reproduce la planta de la nave dodecagonal, así como la del templete central, siendo estos los elementos más singulares de esta legendaria construcción. Por otra parte, la bóveda está formada por arcos de medio punto, como puede verse en la imagen izquierda de la figura 5.2, que unen el edículo central con el dodecágono exterior.

La imagen derecha de la figura 5.2 reproduce el modelo geométrico de la planta: en él se han señalado el dodecágono exterior, de lado $\overline{AB}$; el triángulo isósceles *OCD,* formado por el lado del dodecágono y dos radios de su circunferencia circunscrita; el estrellado 12/5, de lado $\overline{AF}$, y el regular, de lado $\overline{MN}$, anidado en los anteriores.

FIGURA 5.2

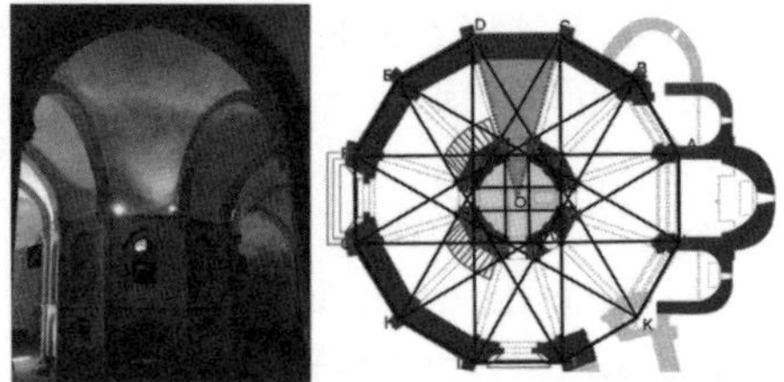

Fuente: Cortesía de los autores.

Para nuestro estudio nos centraremos, en primer lugar, en la búsqueda de los patrones dinámicos de armonía, que subyacen en la planta. Para ello calcularemos la razón entre el radio $\overline{OD} = r_{12}$ y el lado $\overline{CD} = l_{12}$ del dodecágono:

$$\frac{\overline{OD}}{\overline{CD}} = \frac{r_{12}}{l_{12}}$$

FIGURA 5.3

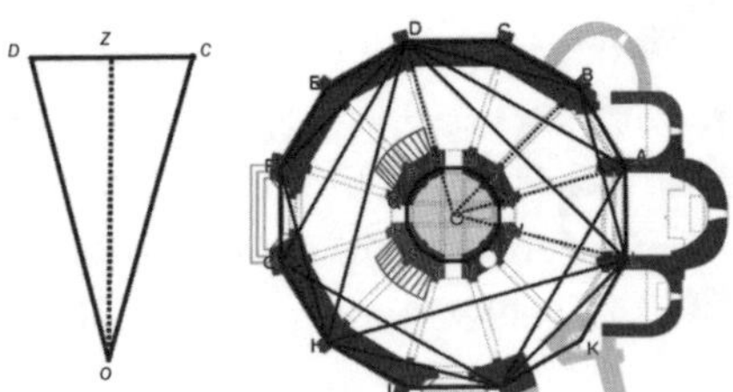

Fuente: Elaboración propia.

Como podemos ver (detalle en la imagen izquierda de la figura 5.3), el triángulo *OCD* es isósceles y sus ángulos son:

$$\widehat{O} = \frac{2 \cdot \pi}{12} = \frac{\pi}{6} \text{ rad y } \widehat{C} = \widehat{D} = \frac{5 \cdot \pi}{12} \text{rad}$$

Fijándonos en el triángulo *OZC*, vamos a relacionar el radio con el lado:

$$\operatorname{sen}\left(\frac{\widehat{O}}{2}\right) = \operatorname{sen}\frac{\pi}{12} = \frac{\overline{CZ}}{\overline{OC}} = \frac{l_{12}/2}{r_{12}} = \frac{l_{12}}{2 \cdot r_{12}}$$

Despejando la razón que buscamos, obtenemos:

$$\frac{r_{12}}{l_{12}} = \frac{1}{2 \cdot \operatorname{sen}\frac{\pi}{12}}$$

Por otra parte:

$$\operatorname{sen}\frac{\pi}{12} = \sqrt{\frac{1 - \cos\frac{\pi}{6}}{2}} = \sqrt{\frac{1 - \frac{\sqrt{3}}{2}}{2}} = \frac{1}{2}\sqrt{2 - \sqrt{3}}$$

Llevando este valor a la razón buscada, tenemos:

$$\frac{r_{12}}{l_{12}} = \frac{1}{\sqrt{2 - \sqrt{3}}}$$

Es decir, que la razón entre el radio de la circunferencia circunscrita al dodecágono regular y el lado de este es:

$$\frac{1}{\sqrt{2 - \sqrt{3}}} = s$$

Podemos observar las analogías evidentes entre este nuevo patrón y la proporción cordobesa, cuyo valor es:

$$c = \frac{1}{\sqrt{2 - \sqrt{2}}}$$

y que se obtiene en el octógono regular. Por todo ello, la denominaremos *proporción segoviana* y la denotaremos por la letra *s* inicial del nombre de la ciudad en la que la hemos encontrado. Al triángulo *OCD* lo denominaremos *triángulo segoviano*, pues la razón entre sus lados distintos es *s,* y al rectángulo cuyo cociente entre lados sea *s*, lo denominaremos *rectángulo segoviano*.

Por otra parte, en la imagen derecha de la figura 5.3 hemos señalado varios segmentos significativos en el interior del dodecágono: $\overline{BD} = r_{12} = s \cdot l_{12}$.

Este segmento es el lado de un hexágono regular inscrito en el dodecágono. Téngase en cuenta que el triángulo *OBD* es equilátero.

$\overline{AD} = r_{12} \cdot \sqrt{2} = s \cdot l_{12} \cdot \sqrt{2}$ es la medida del lado de un cuadrado inscrito en el dodecágono, pues el triángulo *ADO* es rectángulo e isósceles.

$\overline{LD} = s \cdot l_{12} \cdot \sqrt{3}$ es el lado de un triángulo equilátero inscrito en el dodecágono. Este valor se obtiene fácilmente, aplicando el teorema del coseno al triángulo isósceles *ODL*, en el que $\overline{OD} = \overline{OL} = r_{12}$ y $\widehat{DOL} = 120^{\circ}$.

Por último, $\overline{AF} = s \cdot r_{12} = s^2 \cdot l_{12}$ es el lado del polígono estrellado 12/5 que podemos formar en el interior del dodecágono. El valor se obtiene aplicando el teorema del coseno en el triángulo isósceles *ODK*, cuyos lados verifican que: $\overline{OD} = \overline{OK} = r_{12} = s \cdot l_{12}$ y el ángulo $\widehat{DOK} = 150^{\circ}$.

El desarrollo de las demostraciones de estos resultados se propone en una serie de actividades al final del capítulo, son sencillas y se basan en ideas elementales de geometría y trigonometría plana.

Aunque no entraremos en el estudio de los arcos de medio punto que enlazan los dos dodecágonos, exterior y central, calculando su radio, longitud, etc., cabe señalar que en todos los cálculos aparece la proporción segoviana.

Para finalizar el estudio de la planta de esta extraordinaria construcción, vamos a analizar su ritmo arquitectónico de armonía, generado por los dodecágonos estrellados 12/5 anidados y los dodecágonos regulares también anidados.

Figura 5.4

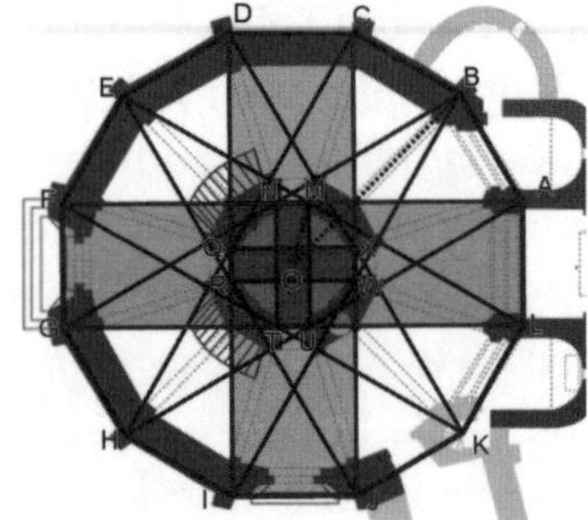

Fuente: Elaboración propia.

En la figura 5.4 podemos ver el modelo geométrico que mejor se adapta a las características del recinto, en él tenemos la relación entre el radio del dodecágono y su lado: $\overline{OB} = r_{12} = s \cdot \overline{AB} = s \cdot l_{12}$.

También conocemos la longitud del lado del dodecágono estrellado 12/5: $\overline{AF} = s \cdot r_{12} = s^2 \cdot l_{12}$ así como el lado del dodecágono estrellado 12/5, anidado en el primero, de lado: $\overline{NT} = \overline{MU} = \overline{AL} = l_{12}$.

Por tanto, la razón entre los lados de los dodecágonos estrellados es:

$$\frac{\overline{AF}}{\overline{MU}} = \frac{s^2 \cdot l_{12}}{l_{12}} = s^2$$

Con lo que la sucesión de los lados de los dodecágonos estrellados es una progresión geométrica de razón $1/s^2$ y primer término $s^2 \cdot l_{12}$:

$$s^2 \cdot l_{12}, l_{12}, \frac{l_{12}}{s^2}, \ldots,$$

Si tomamos como parámetro el radio del dodecágono, $r_{12} = l_{12} \cdot s$, la sucesión quedaría:

$$s \cdot r_{12}, \frac{r_{12}}{s}, \frac{r_{12}}{s^3}, \ldots,$$

Ahora calcularemos el lado del dodecágono regular, $\overline{MN}$, anidado en el de lado $\overline{AB}$. Como sabemos que $\overline{AF} = s \cdot r_{12}$; es decir, el lado del dodecágono estrellado es el radio multiplicado por la proporción segoviana, s, en el dodecágono estrellado de lado $\overline{MU} = l_{12}$, se cumplirá que: $l_{12} = \overline{MU} = s \cdot \overline{OM}$, siendo $\overline{OM}$ el radio de su circunferencia circunscrita.

Como $\overline{OM} = s \cdot \overline{NM}$, sustituyendo en la igualdad anterior, obtenemos: $l_{12} = \overline{MU} = s^2 \cdot \overline{NM}$.

Por tanto:

$$\overline{NM} = \frac{l_{12}}{s^2}$$

Tenemos que los lados de los dodecágonos regulares forman una progresión geométrica de razón $1/s^2$ y primer término l_{12}:

$$l_{12}, \frac{l_{12}}{s^2}, \ldots,$$

O si lo ponemos en función del radio del dodecágono regular inicial:

$$\frac{r_{12}}{s}, \frac{r_{12}}{s^3}, \ldots,$$

Otras figuras que podemos estudiar, para ver cómo varían sus dimensiones, son los rectángulos que hemos resaltado en la figura 5.4. Están formados por los lados de los dodecágonos regulares y los lados de los dodecágonos estrellados 12/5.

Rectángulo *AFGL*, de lados $\overline{AL}$ y $\overline{AF}$, cuya razón entre ellos es:

$$\frac{\overline{AF}}{\overline{AL}} = \frac{s^2 \cdot l_{12}}{l_{12}} = s^2$$

Análogamente, el rectángulo *MNTU*, de lados $\overline{NM}$ y $\overline{NT}$, cuya razón entre ellos es:

$$\frac{\overline{NT}}{\overline{NM}} = \frac{\overline{MU}}{\overline{NM}} = \frac{l_{12}}{l_{12}/s^2} = s^2$$

Es decir, que son rectángulos cuyo módulo (razón entre sus lados) es el cuadrado de la proporción segoviana s^2.

Por último, y con el fin de evidenciar lo que es el hilo conductor de la euritmia de esta construcción, nos vamos a fijar en la figura 5.5, en la que hemos resaltado tres magnitudes del dodecágono exterior y las mismas del dodecágono central: lado de los polígonos, $\overline{AB}$ y $\overline{NM}$; radios de las circunferencias circunscritas, $\overline{OB}$ y $\overline{OM}$, y lados de los dodecágonos estrellados 12/5, $\overline{BI}$ y $\overline{MS}$. Si los ponemos en orden creciente tenemos:

Figura 5.5

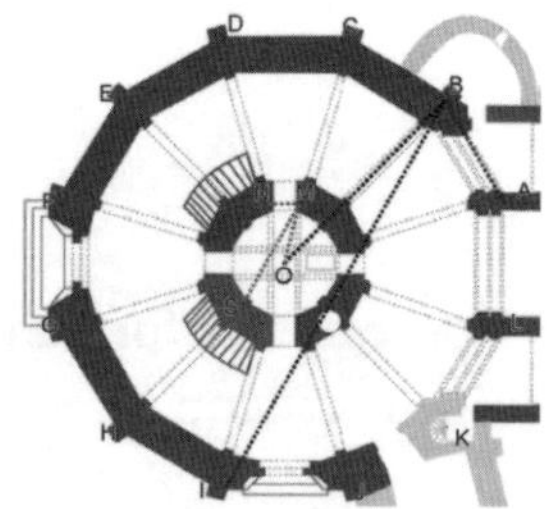

Fuente: Elaboración propia.

$$\overline{NM}, \overline{OM}, \overline{MS} = \overline{AB}, \overline{OB}, \overline{BI}$$

Y sustituyéndolos por sus valores respectivos, obtenemos:

$$\frac{l_{12}}{s^2}, \frac{l_{12}}{s}, l_{12}, l_{12} \cdot s, l_{12} \cdot s^2$$

Esta progresión geométrica, de razón s, contiene cinco potencias sucesivas de la proporción segoviana e ilustra, de forma clara, cuál es el ritmo de armonía de la construcción. Si el lado, l_{12} del dodecágono fuera la unidad de medida, tendríamos la sucesión:

$$\frac{1}{s^2}, \frac{1}{s}, 1, s, s^2$$

formada por cinco potencias sucesivas de s, la proporción segoviana.

Esta panorámica de sucesiones encontradas, todas ellas progresiones geométricas, demuestra claramente que el ritmo de armonía de la iglesia de la Vera Cruz de Segovia está regido por la proporción segoviana:

$$s = \frac{1}{\sqrt{2 - \sqrt{3}}}$$

Este último patrón, asociado al dodecágono regular, es análogo a la proporción cordobesa, asociada al octógono regular, y aparece de manera constante en los elementos y detalles de la planta de esta singular iglesia. Como vemos, hay una forma fundamental que, a través de composiciones, repeticiones y distintas disposiciones, va formando figuras semejantes y configuraciones geométricas en las que sigue apareciendo ese invariante o idea fundamental. Todo ello nos da una idea clara de su euritmia, su simetría, en el sentido clásico de la palabra y, en resumen, de su belleza y armonía.

5.1.2. Conexiones rítmicas entre rosetones: la estrella de David

Los rosetones son elementos simbólicos, por su forma circular y por los variados motivos que contienen. Sus ritmos de armonía están íntimamente conectados a las formas poligonales inscritas en su circunferencia. En este caso, vamos a presentar varios rosetones emblemáticos, haciendo explícitas algunas conexiones rítmicas entre ellos, que aparentemente parecen inexistentes. Concretamente, hemos elegido, en el orden en que van a aparecer, tres impresionantes catedrales góticas: la de Palma de Mallorca, la de Burgos y la de León.

5.1.2.1. Rosetón de la catedral de Palma de Mallorca

El rosetón mayor de la catedral de Santa María de Palma de Mallorca (figura 5.6), también llamado el *ojo del gótico*, es el más grande de todas las catedrales europeas de ese estilo. Construido en el año 1370, tiene alrededor de 13 metros de diámetro y contiene 1.115 vidrios de varios colores. En la imagen derecha de la figura 5.6 puede apreciarse una vista del rosetón desde el interior de la catedral. En el estudio matemático, nos fijaremos, entre otros, en uno de sus elementos característicos: la perfecta estrella de David, formada por 12 triángulos equiláteros.

Figura 5.6

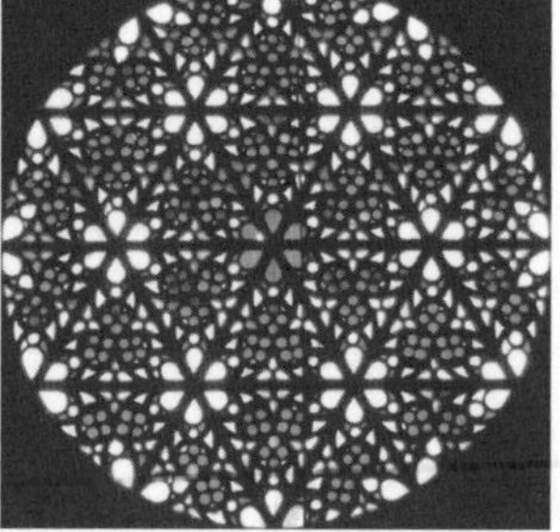

Fuente: Mike Lehmann.

En el modelo geométrico de la figura 5.7, podemos observar la estrella de David del rosetón (de color blanco) obtenida en uno de los pasos de un proceso iterativo que nos proporciona el significado profundo de la figura, además de facilitarnos el ritmo de variación y armonía en el que la podemos encuadrar. Lo explicamos minuciosamente a continuación.

FIGURA 5.7

Fuente: Elaboración propia.

Como vemos en la figura 5.7, el rosetón está inscrito en el hexágono regular de lado $\overline{A_1A_2}$; este polígono forma parte de otra estrella de David más grande, de lado $\overline{VW}$. Tomando los puntos medios de los lados del hexágono, construimos la estrella de David del rosetón, formada por los triángulos equiláteros *AGK* y *EIM*. Como la zona común a estos dos triángulos forma un hexágono regular de lado $\overline{CD}$, con los puntos medios de sus lados, podemos construir la estrella de David formada por los triángulos equiláteros *RQU* y *PTS*. Y así sucesivamente…

Hemos obtenido, por tanto, tres estrellas de David anidadas, siendo la del rosetón resultado del segundo paso. El proceso se podría repetir indefinidamente, hacia el centro de la circunferencia o hacia el exterior… Analicemos cómo varían las dimensiones de las figuras.

Apoyándonos en la figura 5.7, también podemos considerar la circunferencia de radio $\overline{OA} = r_{12}$ y el polígono base del rosetón, que es un dodecágono regular de lado $\overline{AB} = l_{12}$; por tanto, se cumple la relación calculada en el apartado 5.1.1 de este capítulo, entre el radio r_{12} y el lado del dodecágono regular l_{12}:

$$\frac{\overline{OA}}{\overline{AB}} = \frac{r_{12}}{l_{12}} = \frac{1}{\sqrt{2-\sqrt{3}}} = s$$

siendo *s* la proporción segoviana.

Nos fijaremos ahora en la figura 5.8, un detalle de la figura 5.7, en la que se aprecian mejor los parámetros que utilizaremos.

FIGURA 5.8

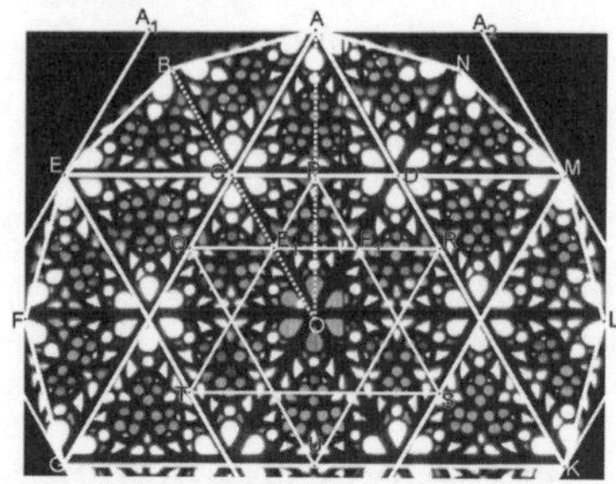

Fuente: Elaboración propia.

Basándonos en ella, calcularemos la altura del triángulo equilátero ACD:

$$\overline{AP} = \frac{\overline{OA}}{2} = \frac{r_{12}}{2} = \frac{\sqrt{3}}{2} \cdot \overline{CD}$$

y por tanto, $\overline{OA} = r_{12} = \sqrt{3} \cdot \overline{CD}$.

Despejando $\overline{CD} = r_{12}/\sqrt{3}$, como $\overline{EM} = 3 \cdot \overline{CD}$, podemos escribir:

$$\overline{EM} = 3 \cdot \frac{r_{12}}{\sqrt{3}} = \sqrt{3} \cdot r_{12}$$

Hemos obtenido que los lados de los triángulos que conforman la estrella de David del rosetón, de acuerdo con el radio de la circunferencia, miden: $\overline{EM} = \sqrt{3} \cdot r_{12}$

En función del lado del dodecágono sería:

$$\overline{EM} = \sqrt{3} \cdot r_{12} = \sqrt{3} \cdot l_{12} \cdot s$$

Análogamente, para la estrella de David obtenida con los triángulos RQU y PTS, sus lados miden:

$$\overline{RU} = \frac{3}{2} \cdot \overline{CD} = \frac{3}{2} \cdot \frac{r_{12}}{\sqrt{3}} = \frac{\sqrt{3}}{2} \cdot r_{12}$$

Podemos concluir que los lados de los triángulos forman la progresión geométrica de razón 1/2:

$$\overline{VW} = 2 \cdot \sqrt{3} \cdot r_{12}, \ \overline{EM} = \sqrt{3} \cdot r_{12}, \ \overline{RU} = \frac{\sqrt{3}}{2} \cdot r_{12}$$

Asimismo, los lados de los hexágonos forman una progresión geométrica de razón 1/2:

$$\overline{A_1A_2} = \frac{1}{3} \cdot \overline{VW} = \frac{2 \cdot \sqrt{3}}{3} \cdot r_{12}, \ \overline{CD} = \frac{1}{3} \cdot \overline{EM} = \frac{\sqrt{3}}{3} \cdot r_{12}, \ldots,$$

Como $r_{12} = l_{12} \cdot s$, si sustituimos r_{12} en las progresiones anteriores, podemos obtener los resultados en función de l_{12}, según nos interese. En este caso, siempre aparecerá, junto al lado, la proporción segoviana.

Singularmente, aunque en los resultados aparecen números irracionales, la razón de las progresiones es un número racional, 1/2, que es un patrón estático. Este es el primer ritmo en el que ocurre; anteriormente, todos los ritmos calculados estaban regidos por números irracionales. La causa está en las propiedades del hexágono regular y de los triángulos equiláteros que lo componen.

Volviendo a la figura 5.7, observando las estrellas de David, nos surgen unas preguntas: esta configuración geométrica de estrellas anidadas del rosetón de la catedral de Palma de Mallorca ¿se ha usado en otros rosetones? ¿Habrá algún rosetón en el que aparezca la más pequeña de ellas? La respuesta la encontraremos en los siguientes apartados.

5.1.2.2. Rosetón de la fachada principal de la catedral de Burgos

Este rosetón, del siglo XIII, está situado en el segundo cuerpo de la portada de Santa María, como puede verse en la imagen izquierda de la figura 5.9. También contiene una estrella de David en su parte más interior (señalada en blanco en la imagen derecha de la misma figura), anidada en otra estrella de David, más grande (igual que la del rosetón de la catedral de Palma de Mallorca), que está inscrita en la circunferencia del rosetón.

Figura 5.9

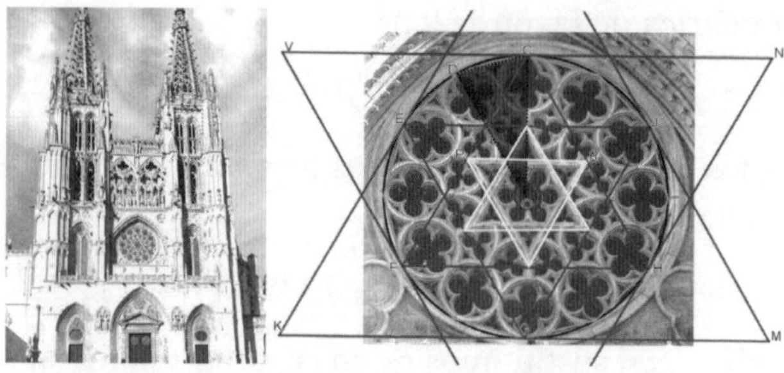

Fuente: Cortesía de los autores.

Por tanto, los dos rosetones cumplen que sus estrellas de David, la de la catedral de Palma y la de Burgos, forman parte del resultado de un mismo proceso iterativo, dando lugar a ellas en uno de los pasos (la de Palma en el segundo y la de Burgos en el tercero). No vamos a repetir el estudio llevado a cabo con el *ojo del gótico*, realizado en el apartado anterior, ya que la configuración geométrica es la misma y llegaríamos a los mismos resultados. Lo interesante, por sorprendente e inesperado, es que hayamos podido establecer estas conexiones matemáticas entre los dos rosetones, de forma que se produzca un "diálogo" entre ellos. No somos expertos en historia del arte para afirmar que existan influencias del más antiguo (el de la catedral de Burgos es del siglo XIII) sobre el otro (el de la catedral de Palma, de la segunda mitad del siglo XIV), pero lo que quedan claras son las similitudes entre las configuraciones geométricas de cada uno de ellos.

No podemos dejar escapar esta oportunidad para señalar algunas peculiaridades matemáticas del rosetón de la catedral de Burgos: nos estamos refiriendo al papel del dodecágono regular en este rosetón.

Para ello, nos apoyaremos en los resultados obtenidos en el apartado 5.1.1 de este capítulo, en el estudio de la iglesia de la Vera Cruz de Segovia, de planta dodecagonal.

Observando la imagen izquierda de la figura 5.10, nos fijaremos, en primer lugar, en el dodecágono regular del rosetón;

en él, llamando $r_{12} = \overline{OC}$ al radio de la circunferencia circunscrita y $l_{12} = \overline{CD}$ al lado del dodecágono regular, se cumple:

$$\frac{\overline{OC}}{\overline{CD}} = s = \frac{1}{\sqrt{2-\sqrt{3}}}$$

Donde s es la proporción segoviana.

FIGURA 5.10

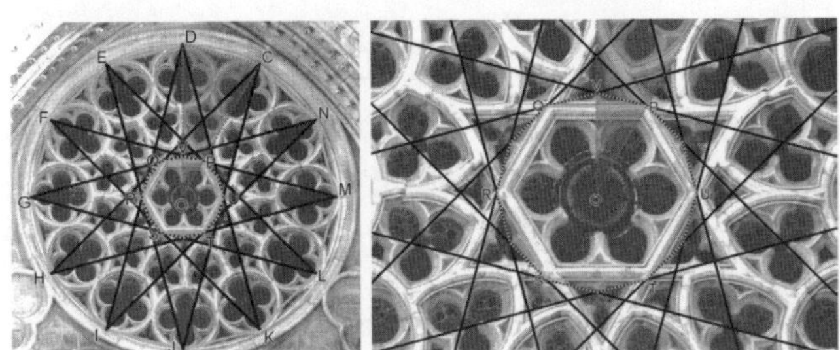

Fuente: Cortesía de los autores.

En segundo lugar, el modelo geométrico, que podemos ver ampliado en la imagen derecha de la figura 5.10, nos deja claro que el dodecágono estrellado 12/5 dibuja exactamente, en su parte central, además del dodecágono regular de lado $\overline{PV}$, el hexágono regular, de lado $\overline{PQ}$ que conforma la parte central de la estrella de David. Este sorprendente resultado relaciona esta parte del rosetón con el cubículo central de la planta de la iglesia de la Vera Cruz de Segovia; allí se opta por mantener la forma dodecagonal y aquí la hexagonal, necesaria para la estrella de David.

Los resultados obtenidos en la iglesia segoviana podemos aplicarlos al rosetón y tenemos que el lado del dodecágono estrellado es:

$$\overline{FM} = s^2 \cdot \overline{CD} = s^2 \cdot l_{12} = s^2 \cdot \frac{r_{12}}{s} = s \cdot r_{12}$$

La segunda igualdad permite fijarnos en los rectángulos análogos al *MNGH*, cuyos lados son l_{12} (lado del dodecágono regular) y $\overline{FM}$ (lado del dodecágono estrellado 12/5). Estos seis rectángulos, que podemos ver en la imagen izquierda de la figura 5.10, verifican que la razón entre sus lados, también denominada *módulo del rectángulo*, es igual a s^2.

Análogamente, el lado $\overline{PV}$ del dodecágono regular anidado es:

$$\overline{PV} = \frac{l_{12}}{s^2} = \frac{r_{12}/s}{s^2} = \frac{r_{12}}{s^3}$$

Por otra parte, como:

$$\overline{OP} = \frac{\overline{OC}}{s^2} = \frac{r_{12}}{s^2}$$

el lado $\overline{PQ}$ del hexágono regular será igual al radio $\overline{OP}$, luego:

$$\overline{PQ} = \frac{r_{12}}{s^2} = \frac{l_{12} \cdot s}{s^2} = \frac{l_{12}}{s}$$

Por tanto, los lados de los dodecágonos regulares forman la progresión geométrica de razón $1/s^2$ y primer término l_{12}:

$$l_{12}, \frac{l_{12}}{s^2}, \ldots,$$

Análogamente, se puede comprobar fácilmente, que los lados de los hexágonos regulares inscritos en los dodecágonos regulares forman la progresión:

$$r_{12}, \frac{r_{12}}{s^2}, \ldots,$$

Hemos obtenido una segunda forma de acercarnos al ritmo de armonía del rosetón; en la primera, la razón de las progresiones era 1/2 y en esta última es $1/s^2$. Es muy interesante la presencia de la proporción segoviana, ligada íntimamente al dodecágono regular, así como las conexiones y el "diálogo" que hemos establecido entre el ritmo de armonía del rosetón y el de la iglesia de la Vera Cruz. Volviendo a observar la figura 5.2, la fotografía y el modelo de la planta, podríamos decir que esta construcción es una iglesia rosetón o un rosetón tridimensional. Todo ello transmite una música silente, con una armonía debida a unos acordes inesperados y sorprendentes.

Pero continuemos con nuestro viaje: hemos "compuesto" unas variaciones armoniosas entre el dodecágono y el hexágono. Nos plantearemos ahora otra cuestión interesante: ¿podemos poner "en diálogo" al dodecágono regular, de los apartados anteriores, con el polígono regular del doble número de vértices, el icositetrágono, de 24 lados? Para ello acudiremos a un rosetón de la catedral de León.

5.1.2.3. Rosetón de la fachada occidental de la catedral de León

La catedral de Santa María de Regla, en la bimilenaria ciudad de León, es el primer edificio de España declarado monumento nacional en 1844 (puede verse en la imagen izquierda de la figura 5.11). Sus vitrales coloreados, que desmaterializan en grado máximo los muros, constituyen una de las colecciones de vidrieras más completa del mundo. Iniciada su construcción hacia 1205, los problemas en la cimentación paralizaron las obras, reanudándose en 1255, bajo las órdenes del maestro Enrique, el mismo que comenzó la catedral de Burgos. Para los lectores interesados, la novela *El número de Dios* (Corral, 2004) narra los inicios de la construcción de estas dos emblemáticas catedrales, profundizando en la proporción áurea, a la que se refiere el título. Aunque no se puede considerar una novela matemática, sí que permite apreciar algunas características del gremio de los constructores y el simbolismo de la *divina proporción*.

FIGURA 5.11

Fuente: Luis Miguel Bugallo Sánchez.

Fuente: Cortesía de los autores.

El rosetón de la fachada occidental o principal de la catedral, también denominada *Pulchra leonina*, es el que hemos seleccionado para su estudio; está situado encima del pórtico y sus vidrieras datan de finales del siglo XIII. En un primer acercamiento visual, podemos ver (imagen derecha de la figura 5.11) que el polígono base de su parte central es un dodecágono y el de su parte periférica es un icositetrágono.

Comenzaremos el estudio fijándonos en la configuración global del rosetón, explicando los modelos geométricos de las imágenes de la figura 5.12; en la imagen izquierda vemos el polígono exterior, dodecágono regular, de lado $\overline{AB} = l_{12}$ y radio $\overline{OD} = r_{12}$. Inscritos en él, aparecen los triángulos equiláteros *BFJ*, *DHL*, *CGK* y *AEI*. Los dos primeros configuran una estrella de David, cuyo hexágono central tiene por lado $\overline{A_1B_1}$, que está en la posición habitual. La estrella de David originada por los otros dos triángulos, *CGK* y *AEI*, es el resultado de girar la primera de ellas 30°, con centro en el punto *O*.

FIGURA 5.12

Fuente: Cortesía de los autores.

De esta forma obtenemos el dodecágono de lado $\overline{PQ}$, anidado en el exterior, como resultado de la intersección de los hexágonos de las dos estrellas de David. Este dodecágono delimita y explica las dimensiones del rosetón central, cuyo polígono base tiene el mismo número de lados. Por tanto, las dimensiones de este rosetón no son arbitrarias, ya que está generado por la intersección de las dos estrellas de David.

Por otra parte, ahora en la imagen derecha de la figura 5.12, si consideramos el dodecágono de lado $\overline{PQ}$ y, en él, volvemos a repetir el proceso llevado a cabo con el dodecágono inicial, trazando los triángulos equiláteros *PTX*, *QUY*, *RVM* y *SWN*, volvemos a obtener dos estrellas de David y otro dodecágono regular de lado $\overline{P_1Q_1}$, anidado en los dos primeros. Si repetimos el mismo proceso en este último dodecágono, obtenemos otro dodecágono anidado que delimita la circunferencia central del rosetón, por lo que las dimensiones de esta última no son arbitrarias.

Tenemos, por tanto, una sucesión de dodecágonos regulares anidados, obtenidos mediante parejas sucesivas de estrellas de David. La pregunta, que surge de forma inmediata, es la siguiente: ¿qué proporciones subyacen en la sucesión de los lados de los dodecágonos? ¿Y en las dimensiones de las estrellas de David? Dicho de otra manera: ¿qué ritmos de armonía podemos encontrar en los elementos geométricos que configuran este rosetón? Las respuestas a estas cuestiones vendrán dadas en función del radio $\overline{OD} = r_{12}$ y del lado del dodecágono $\overline{AB} = l_{12}$; recordemos que, en el apartado 5.1.1 de este capítulo, obtuvimos que la relación entre estas dos magnitudes es la proporción segoviana:

$$\frac{r_{12}}{l_{12}} = \frac{1}{\sqrt{2-\sqrt{3}}} = s$$

Apoyándonos en la figura 5.13, y obviando los cálculos para no alargar el capítulo, obtenemos los siguientes resultados:

Como los triángulos OA_1B_1 y A_1DB_1 son equiláteros e iguales, se tiene:

$$\overline{OC_1} = \frac{\overline{OD}}{2} = \frac{r_{12}}{2}$$

Figura 5.13

Fuente: Cortesía de los autores.

Por otra parte, el lado, $\overline{A_1B_1}$ de los hexágonos de las estrellas de David es:

$$\overline{A_1B_1} = \overline{OA_1} = \overline{OZ} = \frac{2}{\sqrt{3}} \cdot \overline{OC_1} = \frac{2}{\sqrt{3}} \cdot \frac{r_{12}}{2} = \frac{r_{12}}{\sqrt{3}} = \frac{\sqrt{3} \cdot r_{12}}{3}$$

Por tanto:

$$\overline{A_1C_1} = \overline{ZD_1} = \frac{\overline{A_1B_1}}{2} = \frac{\sqrt{3} \cdot r_{12}}{6}$$

Y el lado $\overline{NP}$ del primer dodecágono anidado será:

$$\overline{NP} = 2 \cdot \overline{D_1P} = \overline{ZD_1} = \frac{\sqrt{3} \cdot r_{12}}{6}$$

Por otra parte, el lado de los triángulos equiláteros *BFJ*, *DHL*, *CGK* y *AEI*, por ejemplo $\overline{BF}$, será (aplicando el teorema del coseno al triángulo *BFO*):

$$\overline{BF}^2 = 2 \cdot r_{12}^2 - 2 \cdot r_{12} \cdot r_{12} \cdot \cos 120^\circ$$

Como cos 120° = –cos 60°, operando queda:

$$\overline{BF} = r_{12} \cdot \sqrt{3}$$

Repitiendo el proceso con los triángulos anidados, obtenemos la sucesión de los lados de estos triángulos:

$$r_{12} \cdot \sqrt{3}, \frac{r_{12} \cdot s}{2}, r_{12} \cdot s^2 \cdot \frac{\sqrt{3}}{12}, \ldots,$$

Como podemos ver, forman una progresión geométrica de razón $s \cdot \sqrt{3}/6$ y primer término $r_{12} \cdot \sqrt{3}$.

Asimismo, calculando los lados de los dodecágonos regulares anidados, vemos que forman la sucesión:

$$\frac{r_{12}}{s}, \frac{\sqrt{3}}{6} \cdot r_{12}, \frac{s}{12} \cdot r_{12}, \frac{s^2 \cdot \sqrt{3}}{72} \cdot r_{12}, \ldots,$$

que es una progresión geométrica de razón $s \cdot \sqrt{3}/6$ y primer término r_{12}/s. Resaltemos que el cuarto término es el lado del dodecágono regular que configura la circunferencia central del rosetón. De esto podemos deducir, también, que esta circunferencia no es arbitraria, sino que surge en un proceso recurrente totalmente preciso y determinado.

Volviendo a las progresiones obtenidas, vemos que el ritmo de armonía está regido por un *enlace orgánico* o *concatenación* entre la proporción segoviana, s, y el patrón dinámico $\sqrt{3}$, lo que incrementa la euritmia y la simetría del conjunto.

Para finalizar el estudio de este impresionante rosetón, señalaremos algunas ideas interesantes, desde nuestro punto de vista, a modo de reflexiones finales.

El proceso iterativo llevado a cabo con este rosetón, por medio de estrellas de David y dodecágonos, va desde la parte más exterior hacia su centro. En la imagen izquierda de la figura 5.14 podemos ver que también puede desarrollarse desde el interior hacia fuera, de forma indefinida, con criterios y resultados análogos.

FIGURA 5.14

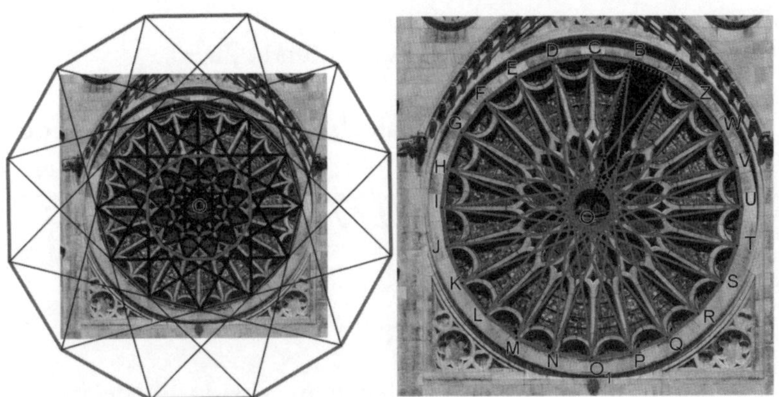

Fuente: Cortesía de los autores.

El modelo geométrico elegido para el estudio del rosetón, con el dodecágono regular y el triángulo equilátero como polígonos principales, no es único. En la imagen derecha de la figura 5.14 se puede observar como el icositetrágono estrellado 24/11 delimita, con bastante exactitud, la circunferencia central del rosetón, lo que permitiría estudiarlo por medio del icositetrágono regular y del estrellado mencionado anteriormente. Sin entrar en ello a fondo, solamente señalaremos que, para este polígono regular de 24 lados, podemos calcular la razón entre el radio de su circunferencia circunscrita y el lado. Para ello consideramos el triángulo *ABO*; en él, el ángulo $\widehat{O} = \frac{\pi}{12}\,\text{rad} \rightarrow \widehat{O} = 15^{\circ}$. Tomando su ángulo mitad, π/24 rad, o, lo que es lo mismo, 7,5°, podemos escribir:

$$\text{sen}\left(\frac{\widehat{O}}{2}\right) = \text{sen}\frac{\pi}{24} = \frac{\overline{AB}/2}{\overline{OA}} = \frac{l_{24}}{2 \cdot r_{24}} \rightarrow \frac{r_{24}}{l_{24}} = \frac{1}{2 \cdot \text{sen}\frac{\pi}{24}}$$

Como $\pi/24 = 1/2 \cdot \pi/12$, por las fórmulas de las razones trigonométricas del ángulo mitad, tenemos que:

$$\text{sen}\frac{\pi}{24} = \sqrt{\frac{1 - \cos\frac{\pi}{12}}{2}}$$

Sustituyendo cos $\pi/12$ por su valor y operando, obtenemos:

$$\text{sen}\frac{\pi}{24} = \frac{1}{2}\sqrt{2 - \sqrt{2 + \sqrt{3}}} = \frac{1}{2}\sqrt{2 - s}$$

Con este valor podemos calcular, ya, la razón r_{24}/l_{24}, ya que:

$$\frac{r_{24}}{l_{24}} = \frac{1}{2 \cdot \text{sen}\left(\frac{\pi}{24}\right)} = \frac{1}{2 \cdot \frac{1}{2}\sqrt{2 - \sqrt{2 + \sqrt{3}}}} = \frac{1}{\sqrt{2 - \sqrt{2 + \sqrt{3}}}} = \frac{1}{\sqrt{2 - s}}$$

puesto que:

$$s = \frac{1}{\sqrt{2 - \sqrt{3}}} = \sqrt{2 + \sqrt{3}}$$

Asimismo, puede comprobarse que el lado $\overline{AN}$ del icositetrágono estrellado 24/11 mide:

$$\overline{AN} = r_{24} \cdot \sqrt{2 + s}$$

valor relacionado con la proporción segoviana, como era de esperar.

Por último, hay que señalar que hemos hecho explícitas las conexiones ocultas entre el rosetón de la catedral de León y los otros dos, el de la catedral de Burgos y el de la de Palma de Mallorca, a través de la estrella de David, con sus patrones ligados a $\sqrt{3}$, y la proporción segoviana. Como vemos, hay armonías invisibles que conectan los tres rosetones mediante configuraciones geométricas que constituyen verdaderas variaciones musicales de las formas geométricas básicas, aglutinando sus tres funciones: técnica, ornamental y simbólica. Todo ello sin menoscabo para que cada uno genere una atmósfera de misterio en el visitante, acercándolo a la contemplación, la trascendencia y la elevación.

Actividad 1. Polígonos inscritos en el dodecágono.

En la figura 5.3 de este capítulo tienes la planta de la iglesia de la Vera Cruz de Segovia. En ella están señalados varios segmentos significativos en el interior del dodecágono regular.

1. Demuestra que $\overline{BD}$ (lado de un hexágono inscrito en el dodecágono) se puede poner de la siguiente manera $\overline{BD} = s \cdot l$, siendo s la proporción segoviana y *l* el lado del dodecágono.
2. Demuestra que $\overline{AD}$ (lado de un cuadrado inscrito en el dodecágono) se puede poner como $\overline{AD} = s \cdot l \cdot \sqrt{2}$.
3. Demuestra que $\overline{LD}$ (lado de un triángulo inscrito en el dodecágono) se puede poner como $\overline{LD} = s \cdot l \cdot \sqrt{3}$
4. Demuestra que $\overline{AF}$ (lado del polígono estrellado 12/5 que podemos formar en el interior del dodecágono, véase figura 5.2) se puede poner como $\overline{AF} = s^2 \cdot l$.

Actividad 2. Otra variación armoniosa con la estrella de David.

La figura 5.16 está formada a partir de un hexágono regular de lado $\overline{AB}$ en el que se han inscrito los triángulos equiláteros *ACE* y *BDF* para obtener una primera estrella de David. La intersección de los triángulos anteriores da lugar al hexágono regular de lado $\overline{IJ}$. En él se han inscrito los triángulos equiláteros *JNL* y *KIM* para obtener otra estrella de David, anidada en la primera... y así, sucesivamente, se repite el proceso de forma indefinida.

FIGURA 5.15

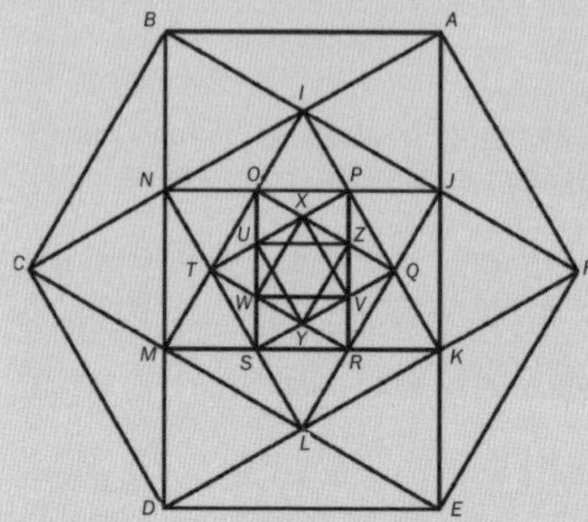

Fuente: Elaboración propia.

1. Calcula la sucesión que forman las longitudes de los lados de los hexágonos regulares anidados. Identifica y estudia sus características.
2. Haz lo mismo para la sucesión de los lados de los triángulos equiláteros que forman las estrellas de David anidadas.
3. Compara la figura 5.15 con las figuras 5.7 y 5.9 y enumera las semejanzas y diferencias existentes entre estos modelos geométricos. Desde tu punto de vista, ¿cuál de los dos modelos es más estático o dinámico?; dicho de otro modo, ¿cuál transmite más sensaciones de movimiento, de giro, en el plano? Reflexiona sobre estos aspectos y escribe tus propias conclusiones.

Bibliografía

ALONSO RUIZ, B. e IBÁÑEZ FERNÁNDEZ, J. (2016): "El cimborrio en la arquitectura española de la Edad Media a la Edad Moderna. Diseño y construcción", *Artigrama*, nº 31, pp. 115-202.

BALLESTEROS CURIEL, J. (1930): *Verbo das arginas: jerga-latín de los canteros*, Pontevedra, Imprenta de Antúnez Hermanos.

BAYARD, *J. P.* (1995): *El secreto de las catedrales. ¿Qué mensaje ocultaron hasta hoy los templos sagrados?*, Girona, Tikal.

BLUM, W. (2005): "'Filling Up': The problem of independence-preserving teacher interventions in lessons with demanding modelling task", IV Congreso de la Sociedad Europea de Investigación en Educación en Matemáticas, San Feliu de Guixols.

COLINAS, A. (2010): *Tres tratados de armonía*, Barcelona, Tusquets.

COLDSTREAM, N. (1998): *Artesanos medievales. Constructores y escultores*, Madrid, Akal.

CORRAL, J. L. (2004): *El número de Dios*, Barcelona, Edhasa.

— (2012): *El enigma de las catedrales. Mitos y misterios de la arquitectura gótica*, Barcelona, Planeta.

DURERO, A. (2000): *De la medida*, Madrid, Akal.

ESTALMAT (2009): *Matemáticas en la catedral de Burgos*, Burgos, Obra Social Caja Círculo.

FUENTE MARTÍNEZ, C. de la (2008): "La divina proporción en el Instituto Cardenal López de Mendoza", *Sigma*, nº 33, pp. 131-164.

— (2011): "La armonía de las proporciones en el patrimonio histórico-artístico. Fundamentos y ejemplos", *UNO*, nº 56, pp. 38-56.

— (2016): "Invariantes operacionales matemáticos en los proyectos de investigación matemática con estudiantes de secundaria", tesis doctoral inédita, Madrid, Universidad Complutense de Madrid.

FUENTE MARTÍNEZ, C. de la *et al.* (2021): *Tesoros matemáticos de la catedral de Burgos*, Burgos, Sociedad Castellana y Leonesa de Educación Matemática Miguel de Guzmán.

GAYFORD, M. (2014): *Miguel Ángel: una vida épica*, Barcelona, Taurus.

GHYKA, M. C. (1968a): *El número de oro. Los ritmos I*, Barcelona, Poseidón.

— (1968b): *El número de oro. Los ritmos II*, Barcelona, Poseidón.

— (1983): *Estética de las proporciones en la naturaleza y en las artes*, Barcelona, Poseidón.
— (1998): *Filosofía y mística del número*, Barcelona, Apóstrofe.
Gundín Lorenzo, A. J. (2022): "Los cimborrios del Duero", trabajo de fin de grado, Madrid, Escuela Técnica Superior de Arquitectura, Universidad Politécnica.
Hambidge, J. (1967): *The elements of dinamic symmetry*, Nueva York, Dover Publication.
Hani, J. (2016): *El simbolismo del templo cristiano*, Palma de Mallorca, José J. de Olañeta.
Hofstadter, D. (1987): *Gödel, Escher, Bach. Un eterno y grácil bucle*, Barcelona, Tusquets.
Jámblico (1991): *Vida pitagórica*, Madrid, Etnos.
Jiménez Lozano, J. (1984): *Guía espiritual de Castilla*, Valladolid, Ámbito Ediciones.
Karge, H. (1995): *La catedral de Burgos y la arquitectura del siglo XIII en Francia y España*, Valladolid, Junta de Castilla y León, Consejería de Cultura y Turismo.
Lawlor, R. (1994): *Geometría sagrado*, Madrid, Debate.
McNamara, D. R. (2011): *Cómo leer las iglesias. Una guía sobre arquitectura eclesiástica*, Madrid, Akal.
Navascués Palacio, P. (1995): "Apraiz y la restauración de las agujas de la catedral de Burgos", *AARR: Revista Cuatrimestral de Historia de la Arquitectura*, nº 1, pp. 41-48.
Nicholl, C. (2005): *Leonardo. El vuelo de la mente*, Madrid, Santillana.
Odifredi, P. (2007): *Pluma, pincel y batuta. Las tres envidias del matemático*, Madrid, Alianza.
Ortega, E. *et al.* (2005): "La motivación de la belleza", *UNIÓN. Revista Iberoamericana de Educación Matemática*, nº 2, pp. 33-46.
Pacioli, L. (1991): *La divina proporción*, Madrid, Akal.
Payo Hernanz, R. J. y Matesanz del Barrio, J. (2013): *El cimborrio de la catedral de Burgos: historia, imagen y símbolo*, Burgos, Real Academia Burgense de Historia y Bellas Artes, Institución Fernán González.
Pedoe, D. (1979): *La geometría en el arte*, Barcelona, Gustavo Gili.
Schmuttermayer, H. (1881): *Anzeiger für kunde der deutschen Vorzeit*, Nürnberg, Organ des Germanischen Museums, https://n9.cl/aevnsx.
Sobrino González, M. (2005): "El cimborrio y otras soluciones a las cubiertas en la arquitectura altomedieval", en S. Huerta (ed.), *Actas del IV Congreso Nacional de Historia de la Construcción*, Madrid, Instituto Juan de Herrera, SEdHC, COOAT, pp. 1017-1027.
Su, F. (2023): *Matemáticas para el florecimiento humano*, Zaragoza, Prensas de la Universidad de Zaragoza.
Street, E. (1926): *La arquitectura gótica en España*, Madrid, Saturnino Calleja.
Torres Balbás, L. (1922): *Los cimborrios de Zamora, Salamanca y Toro. Arquitectura*, vol. IV, Madrid, Escuela Técnica Superior de Arquitectura de Madrid, pp. 97-117.
Valverde, J. M. (2011): *Breve historia y antología de la estética*, Barcelona, Planeta DeAgostini.
Vitruvio Polion, M. (1997): *Los diez libros de arquitectura*, Madrid, Alianza.

Materiales de internet

Plano de la planta de la ermita de Santa María, Quintanilla de las Viñas (Burgos), https://n9.cl/pvu24n.

Fundación Santa Maria la Real, https://n9.cl/onz5m.

Plano del monasterio de Santa María de Moreruela (Zamora), https://n9.cl/65g62.

Iglesia de santa Comba de Bande, Bande (Orense), https://n9.cl/mzuwzx.

Iglesia de Santa María de Melque, San Martín de Montalbán (Toledo), https://n9.cl/s2abm

El sitio histórico de Melque (orígenes y algo de historia), https://n9.cl/4muwd0

Bóveda vaída (Wikipedia), https://n9.cl/qbwgn

Rosetón (Wikipedia), https://n9.cl/dmdt

Santa Coloma de Albendiego, https://n9.cl/8x2u3

"La geometría de los rosetones góticos", *Los ojos de la tierra*, https://n9.cl/sss4q.

El rosetón (GeoGebra), https://n9.cl/lyxq9z.

Grupos de isometrías de los rosetones (Jupenoma), https://n9.cl/hwt2w4.

Rosetones (Proyecto Descartes), https://n9.cl/uxtm5.

"Rosetones y óculos", blog *Baúl del arte*, https://n9.cl/l4yuft.

"Los cimborrios del duero o castellano y leoneses", blog *Baúl del arte*, https://n9.cl/5du95s

"El desconocido origen de los cimborrios románicos apunta a Compostela", *elDiario.es*, https://n9.cl/hfjsrf

Federación Española de Sociedades de Profesores de Matemáticas (FESPM)

Se constituyó en Sevilla en el año 1988 con la vocación de aunar los esfuerzos de cuantos trabajan por mejorar la educación matemática y a ella pueden adherirse todas aquellas asociaciones de profesores de Matemáticas que compartan los fines de esta Federación. Desde su creación y hasta la fecha, la FESPM ha seguido un proceso continuo de crecimiento, hasta llegar a estar formada en la actualidad por 20 sociedades.

La FESPM forma parte de la Federación Europea de Asociaciones de Profesores de Matemáticas (FEAPM) y de la Federación Iberoamericana de Sociedades de Educación Matemática (FISEM).